数码暗房

汪端 编著

老邮差 数码照片处理技法 风光篇

（第3版）

U0250846

人民邮电出版社

北京

图书在版编目（C I P）数据

老邮差数码照片处理技法. 风光篇 / 汪端编著. --
3版. -- 北京：人民邮电出版社，2017.12
ISBN 978-7-115-44064-8

Ⅰ. ①老… Ⅱ. ①汪… Ⅲ. ①图象处理软件 Ⅳ.
①TP391.41

中国版本图书馆CIP数据核字(2017)第235911号

内 容 提 要

本书用 30 个案例讲述风光摄影照片后期处理的技法和思路。本书以软件操作技术要点为主线，以风光摄影常见问题为出发点，融入风光摄影的美学思维和观点，力图帮助读者在风光摄影照片的后期处理中，学会技法，理清思路，提高审美，最终应用这些技法做出自己的风光大片。本书提供案例素材和视频，扫描封底"资源下载"二维码，即可获得下载方式，如需资源下载技术支持请致函 szys@ptpress.com.cn。

本书适合广大摄影爱好者自学 Photoshop 操作技术使用，也适合已经具备 Photoshop 基础的摄影爱好者阅读、学习。

◆ 编 著 汪 端
责任编辑 张丹丹
责任印制 陈 犇

◆ 人民邮电出版社出版发行   北京市丰台区成寿寺路 11 号
邮编 100164   电子邮件 315@ptpress.com.cn
网址 http://www.ptpress.com.cn
北京盛通印刷股份有限公司印刷

◆ 开本：889×1194 1/20
印张：12.2
字数：516 千字   2017 年 12 月第 3 版
印数：23 001 – 26 000 册   2017 年 12 月北京第 1 次印刷

定价：79.00 元
读者服务热线：(010)81055410   印装质量热线：(010)81055316
反盗版热线：(010)81055315
广告经营许可证：京东工商广登字 20170147 号

享受风光摄影之乐　展现风光摄影之美

为什么要学习风光摄影

　　风光摄影充满正能量。风光摄影的主体是大自然，通过风光摄影可以让我们走近大自然，融入大自然，享受大自然。风光摄影所拍摄的风景都是大自然美的一面，游走于山水中，行摄在天地间，对于陶冶情操，愉悦身心，提升审美情趣，丰富人生经历，都是非常有益的。

　　风光摄影属于艺术创作。风光摄影不是为了记录某地有某景，而是为了表现摄影人对于所见景物的感受。因而在拍摄风光的时候，摄影人要考虑很多艺术元素和技术参数。有取也必须要有舍，取舍都是为了让画面更好看，而取舍就是用艺术进行创作，让风景如画。

　　风光摄影要让风景如画。我们常说风景如画，就是因为画比风景漂亮。所以，我们应该像画家那样理解风景，塑造风景，在必要的后期处理中，认真地把自己对于风光的理解和感情融入其中，大胆地追求唯美的风光。这样才能让风光摄影感动更多的人。

为什么要读这本书

　　我们拍了大量的风光照片，没有做后期处理之前，照片还不能算是作品。后期处理不仅是对前期拍摄的照片中的不足进行补救，更重要的是通过后期处理，把自己对风光的理解和感情融入其中。所以我一直说"后期处理是对照片的艺术升华"。

　　这本书就是从风光照片的后期处理出发，由浅入深，循序渐进，讲述技法，理清思路，灌输理念。希望读者能够从本书中学会处理风光照片的方法，而且形成思路，树立观念，最终独立处理自己拍摄的风光照片。

　　《风光篇》是"老邮差"系列图书中的第一本，风光摄影在各种摄影题材中参与的人数最多，因此，这本书的人气一直颇高。从2007年《风光篇》第1版出版至今已经10年了，我在拍摄风光照片的实践中，在讲授风光照片后期处理的教学中，不断摸索，不断总结，有了很多新的体会和认识，技法也有很大的长进。如今软件的功能有了新的发展，操作方法也有了新的步骤。于是，在今年编写《风光篇》第3版的时候，我彻底放弃了前两版的框架，全部重新编写。《风光篇》第3版的结构按照使用Photoshop处理风光照片的知识点来讲解，更加符合学习处理风光照片的思路和步骤。所有的案例都是重新编写的，所有的照片素材都是重新选的，所有的问题都是风光摄影中常见的，力图更贴近广大摄影人。

　　"老邮差"系列已经有9本书，分别是《入门篇》《图层篇》《蒙版篇》《调整层篇》《RAW篇》《风光篇》《人像篇》《通道篇》《色彩篇》。"老邮差"系列图书的一贯风格是让读者看得懂，学得会，记得住，用得上。读者能够使用书中讲述的技法解决拍摄的照片存在的问题，做出自己心仪的大片，这是我最欣慰的。本书所有的学习资源文件均可在线下载，扫描"资源下载"二维码，关注微信公众号，即可获得资源文件下载方式。在学习这本书的过程中如果遇到问题，可以来信，我们一起探讨。我的邮箱为wangduan@sina.com。

资源下载

　　感谢郑曦、胡楠两位年轻的老朋友为本书制作了相关的教学视频，这对读者阅读学习本书起到了重要作用。

　　到大自然中去拍摄心中的美景，这是享受快乐。阅读本书后，把拍摄的风光照片提升为摄影作品，这是享受成功！

2017年完成于北京

目录

在西藏色季拉山口海拔4700米的雪原上，年逾花甲的老邮差奋勇鱼跃而起

色阶是调整图像的第一步 01

拍摄风光片的时候，受天气状况、环境光线、拍摄条件等因素的限制，得到的照片在曝光影调上不一定满意。前期拍摄和后期处理时，都要按照直方图来调整照片的影调，这是科学、准确的。因此，使用色阶命令，根据直方图来调整图像的影调关系，是我们处理照片的第一步。

准备图像

打开随书赠送资源中的01.jpg文件。

乘坐景区的专线大巴行驶在山林间，层林尽染，景色迷人。但是，汽车不给停，车窗打不开。摄影人都不甘心错过如此美景，只好隔着玻璃窗拍摄。好在司机师傅还算照顾我们的情绪，在众摄友的恳求下适当减慢了车速。

我根据当时的情况，设置了ISO400感光度，使用了较大的光圈和1/800秒的快门速度，用145mm焦段拍摄了这张照片。

当时我一路拍了很多张照片，但大体情况都差不多，我知道这样拍到的片子会是灰蒙蒙的，想好了回去再调整。

在Photoshop中选择"窗口\直方图"命令，打开直方图面板。在直方图面板的右上角单击菜单图标，在弹出的菜单中选择"扩展视图"命令，目的是使直方图看着更方便。

设置色阶黑白场

选择"图像\调整\色阶"命令,将弹出的色阶窗口与直方图面板相邻摆放。

现在看到的这张照片的直方图,波峰基本集中在中间位置,两端都缺失,片子中既没有亮调部分,也没有暗调部分。与下面的灰度条一对照,就可以看到,最亮的地方不亮,最暗的地方也不暗,所以这张片子的影调是灰蒙蒙的。

在色阶面板中,将输入色阶右侧的白场滑标向左移动到直方图的右侧起点位置,将左侧的黑场滑标向右移动到直方图的左侧起点位置。这就使图像中既有了最亮的白,又有了最暗的黑。

看直方图面板,按照直方图在色阶的两端设置了黑白场滑标后,直方图中的色阶波峰向两边拉开了。左侧到了最暗的色阶0,右侧到了最亮的色阶255。我们将这种状况俗称为两边"撞墙"。

这是我们最满意的色阶直方图,图像的影调达到了全色阶,是我们绝大多数照片所需要的。

到底黑场滑标设置在哪儿才合适呢?按住Alt键,用鼠标移动色阶面板中的黑场滑标,可以看到,随着黑场滑标的移动,白色的图像中逐渐出现暗调的影像。应该就在刚开始出现暗调影像的地方,恰好就是直方图最左侧的起点位置。

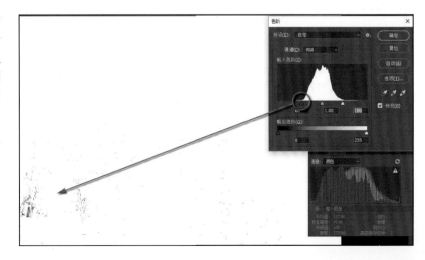

如果按住Alt键，继续向右侧移动黑场滑标，可以看到显现的暗调影像越来越多，而这部分图像将来都会损失层次。

看右面的直方图面板，整个直方图中的波峰都向左移动，最左侧的色阶0已经很高了。我们将这种状况俗称为"爬墙"。

我们不能损失图像的暗部层次，所以仍然将黑场滑标放回直方图的左侧起点位置。

按住Alt键，用鼠标将色阶面板中的白场滑标逐渐向左移动，看到黑色的图像中逐渐出现亮调的影像时，直方图右侧起点位置刚好合适。右面的直方图面板中的波峰也向右移动到刚好"撞墙"的地方。

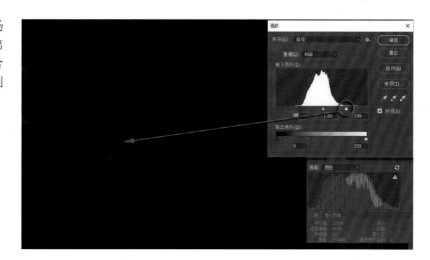

如果按住Alt键，继续用鼠标将白场滑标向左移动，可以看到显现的亮调影像越来越多，而这部分图像将来都会损失层次。

看右面的直方图面板，整个直方图中的波峰都向右移动，最右侧的色阶255已经很高了。看到直方图右侧也出现"爬墙"状况了。

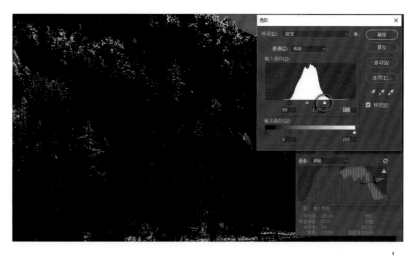

如果少移动白场滑标呢？按住Alt键将色阶面板中的白场滑标从最右侧只向左移动一点点，看到黑色的图像中只出现了一点点亮调影像。

这样做似乎过于谨小慎微了，会造成图像中亮调部分过少，从而使图像显得沉闷。

我们既不能损失图像的亮部层次，又不能欠缺图像的亮部层次，所以仍然将白场滑标放回直方图右侧起点合适位置。

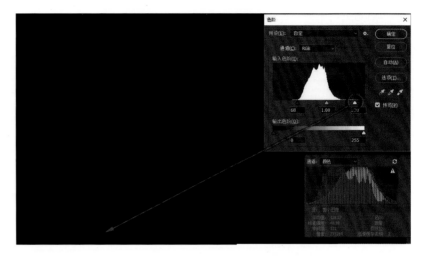

设置灰场滑标

黑白场滑标设置合适之后，还可以进一步设置中间的灰场滑标。

将灰场滑标向左移动，会看到图像的整体影调变亮了。因为从灰到白的亮调空间扩大了，从灰到黑的暗调空间压缩了。

在右面的直方图面板中也可以看到，整个直方图中的波峰向右侧亮调方向移动了。

将灰场滑标向右移动，会看到图像整体的影调变暗了。因为从灰到黑的暗调空间扩大了，从灰到白的亮调空间压缩了。

在右面的直方图面板中也可以看到，整个直方图中的波峰向左侧暗调方向移动了。

很多片子在调整时，将中间灰场滑标稍向右移动一点，片子稍暗一点，视觉感官上会觉得色彩饱和度高，颜色更润。

准确设置黑白场

　　我们必须明白按照直方图准确设置黑白场滑标的意义。

　　从直方图上看，白场滑标所在的点对应的图像中的像素被调整为最亮的白，而白场滑标的右侧都为白。因此，将白场滑标放在直方图的右侧起点位置，这样图像就有了最亮的点，色阶的右边也就能调整到最高。

　　从直方图上看，黑场滑标所在的点对应的图像中的像素被调整为最暗的黑，而黑场滑标的左侧都为黑。因此，将黑场滑标放在直方图的左侧起点位置，这样图像就有了最暗的点，色阶的左边也就能调整到最低。

最终效果

　　一般来说，调整图像的第一步，要使用色阶命令，在色阶面板中按照直方图的两边起点来精确设置黑白场滑标，让直方图达到全色阶。也就是说，让图像中既有最暗的黑，又有最亮的白。

　　在调整设置黑白场滑标时，注意，要让直方图两端"撞墙"，但不"爬墙"。

　　并不是每一张照片调整的第一步都必须是色阶命令。打开一张片子后一定要先看它的直方图，根据直方图判断片子的影调是否已经达到全色阶。如果片子的直方图已经达到全色阶，第一步就不必再用色阶来做了。

　　在前期拍摄中，片子的直方图能否达到全色阶，有很多因素，并非都是拍摄技术的问题。

曲线调整细节 02

一般来说，片子的直方图达到全色阶以后，影调就完成了。但是我们往往还要对片子的细节影调做精细调整，以得到更丰富的层次，这就需要使用曲线命令来做。

准备图像

打开随书赠送资源中的02.jpg文件。

选择"窗口\直方图"命令，打开直方图面板。可以看到，这张片子的直方图是全色阶的，左右两边都到顶端了。也就是说，这张片子前期拍摄的曝光没有问题。

这张片子的影调是完整的，整体上看，直方图大体有两个高峰值。一个是直方图右边的亮调部分，也就是片子中上半部分的天空和远山。另一个是直方图左边的暗调部分，也就是片子中的下半部分的平地和山谷。

虽然片子的整体影调是全色阶，但我们还是想要分别在亮调和暗调中做进一步的精细调整。增加亮调和暗调部分的层次。这就需要使用曲线命令来做了。

精细调整影调

选择"图像\调整\曲线"命令，打开曲线面板。

选中面板左下角的"直接调整工具"图标。用"直接调整工具"在图像中的任意地方按住鼠标，就会在曲线上产生相应的控制点。更多曲线操作方法可以参看"老邮差"系列图书的《入门篇》等专著。

用"直接调整工具"选中图像中的平地位置并向上移动鼠标，看到曲线上产生相应的控制点，向上抬起曲线，图像变亮了。在图像的山谷中按住鼠标向下移动，曲线上也产生相应的控制点向下压低曲线，让这部分曲线回位。

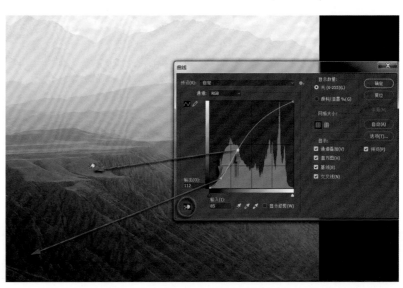

现在由于曲线右上方被抬起，所以图像的亮调部分更亮了，这样不行。

用"直接调整工具"在图像的远山位置按住鼠标稍微向下移动，曲线上产生相应的控制点也向下压曲线，让曲线接近回位。在图像中远山的暗处按住鼠标向下移动，看到曲线上产生相应的控制点向下压曲线，直到图像中远山的影调看起来满意为止。

这样处理后，感觉图像中远山的层次也比原来好一些了。

再来做天空的层次。

仍然使用"直接调整工具"，将鼠标分别放在天空中的亮点和暗点处，分别按住鼠标向上和向下移动。看到曲线上分别产生了相应的两个控制点，向上和向下改变了曲线。这样一来，图像中天空的反差层次也出来了。

我们在这里用曲线分别调整了图像中天空、远山、峡谷的影调，加大了这3个部分的反差。现在感觉片子比原来通透了，层次也比原来丰富了。这就是曲线精细调整的方法。

改变色调

曲线也可以调整改变图像的色调。

在曲线面板中单击打开"通道"下拉框，选中蓝色通道。

仍然是使用"直接调整工具"，在图像中的雪山上按住鼠标向下移动，曲线上产生相应的控制点也向下压低曲线，看到图像中的色彩偏黄了。因为在RGB图像中，减少了蓝色，就会增加黄色。

但是我们只想让亮调部分减少蓝色，不需要暗调部分减少蓝色。

在图像中的平地位置按住鼠标向上移动，看到曲线上产生相应的控制点向上抬起曲线，让曲线的暗调部分大体回位。这样做，图像暗调部分的颜色就又恢复正常了。

在曲线面板中打开通道下拉框，选中红色通道。

仍然是使用"直接调整工具"，用鼠标在图像上按住雪山位置向上移动，看到曲线上产生相应的控制点向上抬起曲线，整个图像增加了红色，雪山出现了暖色调。

但图像下半部分的暗调部分不需要增加红色。在图像的平地位置按住鼠标向下移动，看到曲线上产生相应的控制点向下压曲线，让这部分曲线大体回位。图像暗调部分的色彩恢复了，也就是说，图像的暗调部分没有加红色。

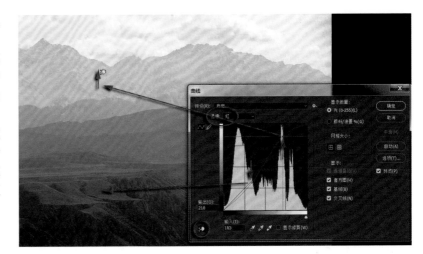

在曲线面板中打开"通道"下拉框，选中绿色通道。

仍然是使用"直接调整工具"，在雪山位置按住鼠标，稍微向下移动一点点，看到曲线上产生相应的控制点也稍微向下压了一点点曲线。图像中减少了一点点绿色，使得红色的效果更突出了。

还要在平地位置按住鼠标稍向上抬一点曲线，让图像的暗调部分保持原来的颜色不变。

在曲线面板中打开"通道"下拉框，选中RGB通道。

继续调整曲线上的各个控制点，让图像中天空的影调再暗一点，中间调部分也相应压暗一点。现在感觉图像中有了一种日照金山的味道了。这是因为我们利用曲线，在图像中的亮调部分增加了暖红色，在暗调部分保持原有的冷色调。

现在我们在曲线面板中可以清楚地看到红、绿、蓝3个通道的颜色曲线和白色的明度曲线，图像中的亮调或者暗调部分哪里增加或者减少了什么颜色，在这里一清二楚。

数码照片的JPEG图像是由红、绿、蓝3色组成的，在曲线中分别调整红、绿、蓝通道，增加或者减少某种颜色，就会改变图像的颜色。更进一步的理论原理和操作，可以参看"老邮差"系列图书的《色彩篇》。

按住Alt键，看到曲线面板右上角的"取消"按钮变成了"复位"，单击"复位"按钮，所有参数将归零复位。

选用预设模式

在曲线面板的最上面单击并打开"预设"下拉框，看到这里有软件已经预设的很多模式，可以方便地选择所需的某种模式。

单击选中"反冲"模式，这是一种模拟胶片中将正片胶片用负片药液冲洗后的效果。

虽然预设了常规的反冲效果曲线，但我们还可以对这种效果做进一步调整。

选中"直接调整工具"，在图像中分别按住亮调、中间调、暗调部位拉动曲线，继续改变图像各部分的影调效果。

色调分离

按住Alt键，单击面板右上角的"复位"按钮，将所有参数归零复位。

直接在曲线上单击建立4个控制点，然后分别将这4个点大幅度向上向下移动，曲线大幅度起伏。可以看到图像的颜色发生了令人惊异的变化。

任意移动曲线上的某个控制点，图像的颜色都会发生剧烈的变化。

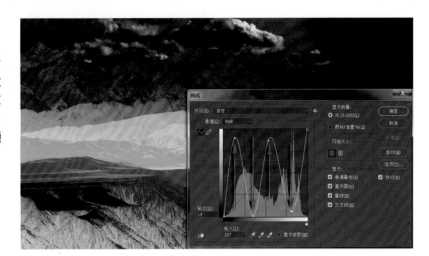

如果再次打开"通道"下拉框，选中某个颜色并改变颜色曲线的形状，这个图像的色彩就会变得光怪陆离。我们称这种效果为色调分离。

我也不知道还能调出什么样的效果来，用一句时髦的网络语言说：蒙圈了吧？

曲线中的变化就是这么神奇！当然，这样的效果能用在哪儿，不是本案例要讨论的话题。

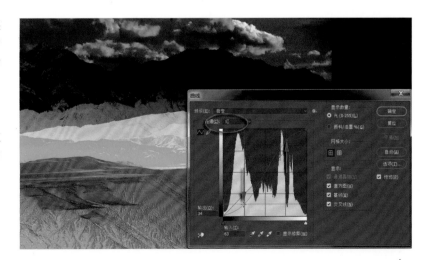

最终效果

　　曲线操作可以对图像做出精细的影调调整，让我们得到更加丰富的照片层次。曲线还可以调整改变照片颜色。这是我们操作曲线所要达到的目的。

　　曲线操作应该在图像已经达到全色阶之后来做，不要用曲线命令直接替代色阶命令，因为曲线与色阶的功能不一样。

　　如果感觉最终效果太红，还可以加一点蓝色，这样就有了案例前面大图展示的效果。

　　风光摄影是以自然风光为主要题材的摄影活动。在大量的风光摄影照片中，我们看到，有的照片能够吸引观者，有的照片平淡无味。想想其中缘由，观者说法不一。我认为，风光片是否吸引人，看的是画面，比的是理念，关键在于摄影者自己是否明白"风光摄影不是纪实摄影"。

　　面对眼前的美景，举起相机进行拍摄时，你的心里在想什么？是想我要把这美好的景色记录下来，还是想我要把这美好的景色表现出来？看似一念之差，但却是完全不同的两回事。

　　记录眼前的景物，拍到的照片所呈现给观者的是某时某地有某物，这是一种证明。表现眼前的景物，需要摄影者对眼前的景物有所思考，有所感悟，然后用自己擅长的方式去拍摄。这样拍到的照片不仅画面的视角、用光、构图很讲究，更重要的是能让观者从照片中感受到一种情绪，并被这种情绪所感动。

　　行摄在这段残长城上，感觉这个位置不错，拍了这样一张照片。从照片本身来说，构图、曝光、质量都没有问题。但画面中所展示的就是证明，让观者看到这个地方有这样一段长城。这是纯粹的记录，算不上是风光摄影。

　　另外一次仍然是在这段长城的相同位置，夕阳西下，一缕阳光把残城墙映照得血红，我又拍了一张照片。构图与前一张并无差异，但时间不同，光线不同，气氛不同，感受也不同。经过认真的后期处理后，得到的效果把长城的悲壮与苍凉之情充分地表现了出来，不仅表现了长城的现状，更表现了长城的精神，有一种时空穿越的历史感。画面中长城的砖石历历在目，触手可及，给人一种强烈的直接抚摸历史的感觉。

　　在什么时间，从什么视角，用什么方式拍摄眼前的景物，重点不在于摄影者的技术和审美，而在于摄影者的理念。按照纪实的思路，前一张照片中所表述的信息足以达到要求。但是按照艺术摄影的思路，后一张照片所表现的是一种情感，尽管照片中的很多细节不如前一张清晰，但所表达的情绪极其强烈。

　　风光摄影不是纪实摄影，不是要告诉观众某时某地有某物。风光摄影应该是艺术摄影，要用画面表达摄影者深深的情和意。风光摄影的目标不是记录，而是表达，是情感的抒发和宣泄。

色相/饱和度改变颜色 03

色相/饱和度命令是专门用来改变图像颜色的。这个命令的基本操作方法，朋友们已经大体掌握了。我们在这个案例中重点讲述如何使用色相/饱和度命令精确控制和改变颜色，特别是其中变化多端的思路。根据这样的思路，我们可以调整处理出各种各样不同的色彩效果。一张片子的不同色彩效果，反映了完全不同的感觉和情绪。

扫码看视频

准备图像

打开随书赠送资源中的03.jpg文件。

在似有似无的细雨中，走进一片静静的树林。落叶满地，秋意惆怅。我拍下这张照片的时候，似乎并没有想明白，这是如水的平静，还是忧伤的凄凉。

常规处理

选择"图像\调整\色相/饱和度"命令。打开色相/饱和度面板，通常是将饱和度参数滑标向右移动，提高图像的色彩饱和度，这样会使图像的颜色更鲜艳，看起来更有亲切感。

一般来说，我觉得饱和度参数值不要超过40为宜。饱和度参数值过高，图像颜色会过于强烈，给人的感觉很假。

也可以移动色相滑标，做颜色的替换。向左或者向右移动色相滑标，颜色就会按照色轮关系被替换。从面板下边的颜色对比条中可以看到，上面彩条是图像中原本什么颜色，被替换成了下面彩条中的什么颜色。

可以将色相滑标移动到两端，图像的色彩按照色轮关系做了180°旋转。颜色被替换以后，我们所得到的图像并不是都与现实场景相符。我们是利用新的色彩表达自己的某种情绪。

移动明度滑标，可以改变颜色的明暗。在这里，任何颜色最亮都是白，最暗都是黑。

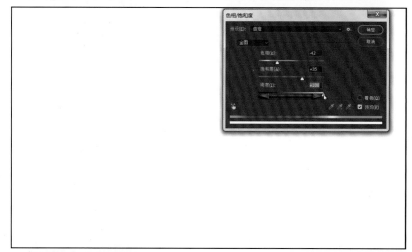

各项参数不论调整到什么位置了，如果想把所有参数复位，不必依次将各个滑标移动到原位。按住Alt键，可以看到面板右上角的"取消"按钮变成了"复位"按钮，单击"复位"按钮，当前面板中的所有参数复位。

只调某个颜色

　　如果只想调整画面中的某种颜色，可以在面板中选中"小手"图标，即"直接调整工具"，在图像中按住想要调整的树叶位置，可以看到面板中颜色下拉框中自动选中了鼠标所在地方的颜色是黄色。向右移动鼠标，黄色的饱和度被提高了。再将明度滑标也向右移动，可以看到这个黄色被提亮了。

　　在面板下边的两个颜色条之间出现了滑标，表示颜色被调整替换的区域。在两个彩条之间按住鼠标向右移动，就改变了被替换的颜色区域。

　　移动两个彩条之间的某个滑标的位置，可以改变调整颜色的范围。随着颜色范围的改变，可以看到上面彩条中的多少什么颜色被替换成了下面彩条中的多少什么颜色。

　　因为刚才向右移动了替换颜色的区域滑标，所以看到上面颜色下拉框中原来的"黄色"变成了"绿色"。

　　这样调整颜色，是将图像中的某种颜色精确设置替换为另一种新的颜色。

逆向调整颜色

　　按住Alt键，在面板右上角单击"复位"按钮，将面板中的所有参数恢复初始状态，图像颜色复原。

　　现在颜色下拉框的状态是"全图"。将饱和度参数滑标大幅度向左移动到-80左右，可以看到全图的色彩几乎变成了黑白效果。

　　打开颜色下拉框，选中黄色。将黄色的饱和度参数值大幅度提高到+90左右。可以看到图像中只有黄色的饱和度提高了，而其他颜色的饱和度非常低，由此产生的落叶颜色感觉很特别。

　　我不知道应该如何形容这种色彩效果，但感觉到这个场景给人的那种"一场秋雨一场寒"的凄凉氛围了。

　　如果将色相滑标稍微向左移动一点，可以看到图像中原本的黄色被替换成了红色。到底要调整成什么程度的红色，在面板最下面的两个彩条上可以精确控制。

　　随着黄色变为红色，图像所传达给我们的情绪似乎又有了些许希望和活力。

如果继续大胆地尝试改变色相和明度参数，也许会看到意想不到的颜色效果。是梦幻，是惊艳，还是怪诞，这完全是由色相、饱和度和明度这3个参数的组合变化而产生的。

虽然我们已经被神奇的颜色变化效果弄得不知所措了，但这毕竟还只是黄色这一种颜色变化的效果。我们还可以继续尝试一种以上颜色同时变化的效果。

先将黄色的色相参数和明度参数都复位归零，饱和度仍然为＋90。图像效果仍然是全图，色彩饱和度为-80，只有黄色的饱和度为＋90。

在面板上打开颜色下拉框，选中红色。将红色的饱和度提高到＋90左右，然后可以随意移动色相滑标替换颜色。可以看到红色被替换，与原来的黄色结合在一起，产生了更丰富的色彩效果。

如果将色相滑标移动到右边，可以看到颜色被替换为绿色，似乎夏天又回来了，好像一场暴雨之后的凌乱，空气湿润清新。

预设色彩效果

按住Alt键，单击"复位"按钮，所有参数恢复到初始状态。在面板最上面打开"预设"下拉框，可以看到这里有多项已经做好的预设颜色效果。

依次选择各个预设的颜色命令，可以看到不同的颜色效果。

如果自己调整了一种很满意的颜色效果，想把这种效果保留下来，以后在其他照片中使用，可以在预设下拉框右边单击"小齿轮"图标。在弹出的菜单中选择"存储预设"命令。

在弹出的另存为窗口中为自己设置的颜色效果方案起一个合适的名字，然后单击"保存"按钮退出。这个新的颜色效果就存储在预设下拉框中了。

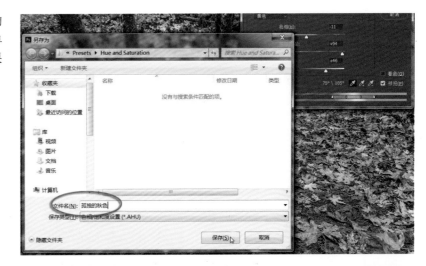

按Alt键，用鼠标单击"复位"按钮，将图像恢复到初始状态。

再次打开"预设"下拉框，可以看到自己做的特殊颜色方案命令。单击该命令后，这个颜色效果就轻松地完成了。

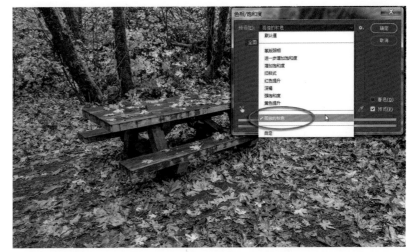

最终效果

这个案例告诉我们，改变颜色的设置中，有很多精确设置的参数，而各项参数又有很多不同的组合方案，可以产生千变万化的颜色效果。

这个案例不仅让我们看到了不同颜色效果的调整方法，而且体会到了不同颜色效果所表达的不同情感。

用好色相/饱和度命令，不仅能让图像的颜色更鲜亮，还能让颜色表达出更丰富的情感。

色阶、曲线、色相/饱和度这3个操作命令，是调整照片最基本的命令，所以我称之为数码照片调整的"三板斧"。组合用好三板斧，就能基本解决照片的影调和色调问题，让照片效果达到基本满意。

准备图像

　　打开随书赠送资源中的04.jpg文件。

　　拍摄这张片子的时候，天刚刚亮，阳光还没有照射到山谷中。尽管山林与河水的色彩都很丰富，但没有光线也就显得无精打采。

　　除了要解决片子影调灰蒙蒙的问题外，还要适当提高色彩饱和度，调整亮部与暗部的影调层次。因此，需要组合使用三板斧来做处理。

色阶解决影调

　　打开直方图面板，目的是便于观察调整过程中直方图的变化。

　　选择"图像\调整\色阶"命令，打开色阶面板。按照直方图的形状，分别将输入色阶的黑白场滑标向内移动到直方图左右两边的起点位置。

　　看到直方图面板上，波峰向两边拉开到顶端"撞墙"位置时，图像已经是全色阶了。

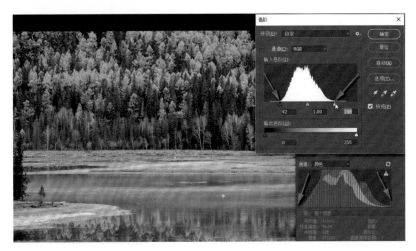

如果想精确设置黑场滑标位置，可以在用鼠标拉动黑场滑标的同时，按住Alt键。

看到图像中开始出现暗调影像时，即是黑场滑标最合适的位置。

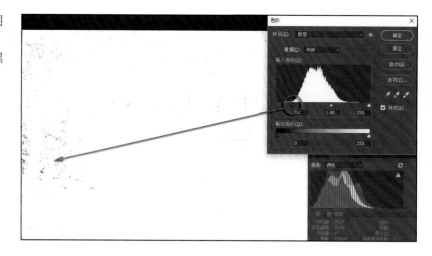

如果想精确设置白场滑标位置，可以在用鼠标拉动白场滑标的同时，按住Alt键。

看到图像中开始出现亮调影像时，即是白场滑标最合适的位置。

按照直方图的波峰位置精确设置好黑白场滑标，使直方图达到全色阶。达到满意的效果后，单击"确定"按钮退出。

调整色阶是处理照片的第一步。然后是先用曲线调整细节层次，还是先用色相/饱和度调整颜色，我觉得都可以，关键是看哪一项对于这张照片更重要。

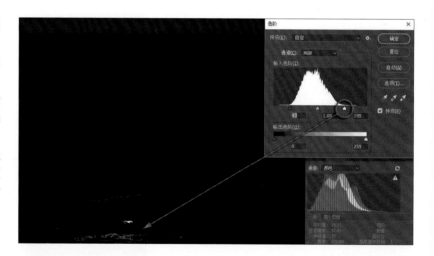

色相/饱和度解决颜色

我觉得这张片子的色彩更重要，所以在处理完色阶之后，先来做色相/饱和度解决颜色问题。

选择"图像\调整\色相/饱和度"命令，打开色相/饱和度面板。在面板中单击选中直接调整工具，用那个"小手"在图像中按住需要调整色彩的地方。

在草地上按住鼠标，可以看到面板中的颜色下拉框中自动选中的当前鼠标所在位置的颜色是黄色。按住鼠标向右移动，看到黄色的饱和度滑标也向右移动，此时图像中黄色的饱和度提高了。

将光标放在图像中的湖水上，按住鼠标可以看到面板中的颜色下拉框自动选中青色。

　　按住鼠标向右移动，看到青色的饱和度提高了，湖水的颜色更漂亮了。

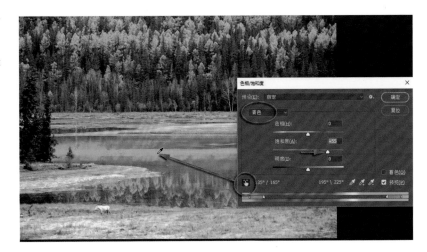

　　还可以继续提高其他颜色的饱和度。如在图像中的绿树上按住鼠标，看到面板中自动选中绿色。向右移动鼠标，看到绿色的饱和度提高了。

　　其实，提高绿色参数，饱和度的效果并不明显。因为在RGB色彩模式中，要想提高绿色植物的饱和度，应该提高黄色参数。

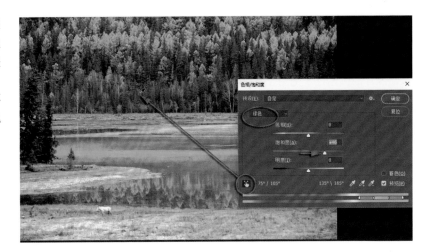

　　如果想调整某种颜色的参数，但是用"直接调整工具"在图像中找不到这种颜色，可以单击打开颜色下拉框，选中所需的颜色。

　　打开下拉框，选中"蓝色"，将饱和度参数滑标稍微向右侧移动，发现效果并不明显。其实湖水是青色的，而在这个图像中只有树林深处有一点点蓝色。

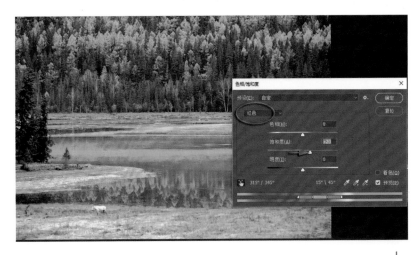

打开颜色下拉框，选中"红色"，然后适当提高红色的饱和度，发现原来红色在树林里很少，而在近景的地面上有一些。

也就是说，很多颜色并不能凭直觉去调整某些参数，这需要一定的经验积累。

打开颜色下拉框选中的"全图"。

稍微提高一点饱和度参数，这个效果是很明显的，但整体提高全图的色彩饱和度时要慎重，照片的颜色过于艳丽并非最好的选择。

达到满意的效果后，单击"确定"按钮退出。

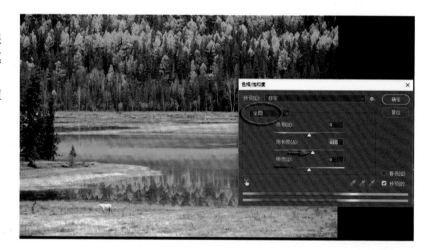

曲线解决细节

最后用曲线来处理片子的细节影调层次。

选择"图像\调整\曲线"命令，打开曲线面板。选中曲线面板左下角的"直接调整工具"。

先来提高湖水的反差。选中"直接调整工具"后，将光标放在湖水的亮点上，按住鼠标，看到曲线上产生了相应的控制点。按住鼠标稍向上移动，看到曲线被向上提了，图像亮了。在湖水的投影暗处按住鼠标，看到曲线上又产生了一个相应的控制点，按住鼠标向下移动，将刚才抬高的曲线恢复到原位。湖水的反差加大了，水面显得更生动了。

曲线的左下方是图像的暗调部分，是这个图像中的树林。

在图像中树林的亮部按住鼠标向上移动，看到曲线上产生的相应的控制点将曲线的左半部分抬高了，图像中的暗部显得灰了。在树林很暗的地方按住鼠标，看到曲线上又产生一个相应的控制点，按住鼠标向下移动，将曲线恢复原位。这样做，就将图像的暗部细节调整出来了。

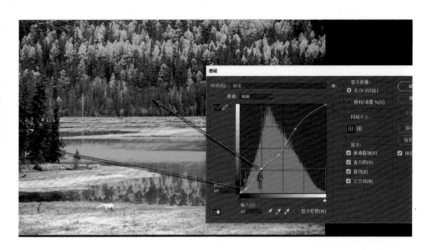

也许有的朋友不喜欢这个场景中的暗部细节过多，感觉削弱了亮部的效果。

将曲线上刚才提高暗部亮度的控制点稍向下移动，图像暗部影调进一步压暗。这样就能将场景中亮调与暗调的反差加大，使对比更加强烈。这又是一种影调效果，完全依个人喜好而定。

达到满意效果后，单击"确定"按钮退出。

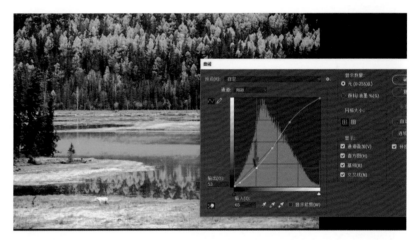

最终效果

这个案例组合运用了色阶、曲线、色相/饱和度3个调整命令，这是大多数数码照片调整的基本操作命令，因此我称之为"三板斧"。

色阶一定是第一步，先解决直方图的全色阶，然后根据片子的情况，决定先用曲线调整影调层次细节，还是先用色相/饱和度调整色彩。如果原片的直方图已经是全色阶了，可以省去色阶命令这一步，但这样的片子数量不多。调完色阶之后先做曲线还是色相/饱和度，可以根据片子的具体情况而定。

组合用好"三板斧"，片子立刻大变样。

修补照片瑕疵 05

在照片中经常会发现一些瑕疵，如脏点或某些穿帮的物体。想修补这些瑕疵，可使用Photoshop中的相应工具。不同的工具针对不同的修补对象，用好这些修补工具，可以使我们的照片更完美。这些修补工具的使用，技术含量并不高，主要是靠熟练。

准备图像

打开随书赠送资源中的05.jpg文件。

车行路上，忽然看到这个景色，感觉不错，拿起相机就按了快门。回来看片子，画面挺美，片子质量也不错。只是片子有一些穿帮的小物体，左上角车内的后视镜，下边有车内物品在玻璃上的反光影子，左下角有一点车内的物品。这些都可以尝试修掉。

修补局部瑕疵

在工具箱中单击"修补工具"图标，打开内含的修补工具，可以看到5个不同的工具，我们最常用的是前3个。

先选中第3个"修补工具"，俗称"补丁工具"，图标是一个很形象的补丁，这个工具专门用来修补面积较大的瑕疵。

先将画面左上角的汽车后视镜去掉。用"修补工具"在需要修补的地方画出相应的选区，不必太精准，比实际区域稍大一点为好。上面选项栏中的各项参数默认。

将光标放在蚂蚁线选区之内，按住鼠标拖动选区，放到合适替换的云天位置上。可以看到选区内即将被修补替换的效果预览，满意后就可以松开鼠标了。

可以看到"补丁工具"将目标区域内的云图像替换到了源选区内，而且选区边缘也做了相应的过渡融合，不留生硬的痕迹。

修补替换的局部图像有可能还不够满意，如局部有源选区内明暗不舒服的地方。可以重复拖曳蚂蚁线选区再做几次修补替换，或者再专门为需要进一步修补的区域建立新的选区，再做新的拖曳修补操作，直到满意为止。

　　可以看到用"修补工具"修补的大面积云天效果相当自然。

　　虽然"修补工具"是用来做大面积修补替换的，但还是要根据实际情况来建立大小合适的选区。要尽量让选区内的图像变化比较小。

　　修补图像中左边那块车窗玻璃反光的操作就相对麻烦一些了。要对树木、田地等分别建立选区，而不能笼统地建立一个包括各种不同颜色景物的选区。

　　用"修补工具"在图像中的树林部分建立一个选区，然后用鼠标拖曳选区到旁边树林位置。看到源区域中的树林图像被修补替换了，效果满意后就松开鼠标，完成修补。

　　如果对于修补效果不满意，可以反复拖曳选区几次。

如果觉得勾画选区吃力，可以按住Ctrl+空格组合键，临时变成"放大镜工具"。按住要放大的局部图像拖曳鼠标，将图像放大到合适比例。

松开组合键，仍然回到当前使用的工具。

现在可以方便地用"修补工具"继续画出需要修补的选区，然后拖曳，完成局部修补。

修补后的局部影调的明暗可能与所需不符，可以使用"减淡"和"加深"工具做相应的局部提亮或压暗处理。

使用"减淡"或者"加深"工具时，需要在上面的选项栏中设置合适的笔刷大小，还要设置处理的是图像的阴影、中间调，还有高光。因为这两个工具模拟的是暗房操作，因此还要设置"曝光量"以控制涂抹的程度。

如果修补后觉得局部的颜色过于鲜艳或者过于黯淡，还要用"海绵工具"对修补的局部的颜色做饱和度的处理。

有些有明显边缘的瑕疵不适合用修补工具，而应该用图章工具修补。图章工具是将某种图像复制强加到某个地方。

在工具箱中选择"图章工具"，对左下角这些拼图块上不该有的痕迹进行小心的修补，以使这些拼图块看起来更符合现实情况。

选中"图章工具"后，第一，设置所需的笔刷直径和合适的硬度参数，使图章的大小符合复制位置的需要。第二，将光标放在需要修复的物体旁边，找一个没有缺陷的地方取样。按住Alt键，看到鼠标变成了圆形靶心时，单击鼠标左键，完成取样。

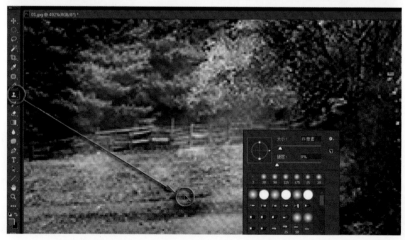

将光标放在需要修补的地方，按下鼠标，可以看到刚才的取样点处的图像被复制到当前位置，当前位置有缺陷的地方被取样的图像所覆盖。这样就完成了局部的修补。

在没有明显边缘的地方进行修补时，使用"修复画笔工具"效果更好。"修复画笔工具"是专门修复图像中小的瑕疵的，它的图标像一个创可贴，因此俗称"创可贴工具"。"修复画笔工具"的使用方法与"图章工具"完全一样，也要先取样。

选中"修复画笔工具"，设置好笔刷直径，在要修复的地方旁边选中一个要复制的位置，按住Alt键，单击鼠标左键，完成取样。然后将光标放在需要修复的地方单击鼠标，取样点的图像就会被复制到当前的修复位置。

"修复画笔工具"与"图章工具"的修复效果不完全一样，"图章工具"是照样覆盖，可能会留有边缘痕迹。而"修复画笔工具"是覆盖的同时，对边缘进行融合，不留边缘痕迹，适合处理边缘不清晰的小瑕疵。

还有一个"污点修复画笔工具"，其使用方法更为简单，不用进行取样，直接在需要修复的瑕疵位置上涂抹即可。鼠标单击位置，画笔范围内的图像就会自动融合，通常用它来处理照片中天空中的脏点。

使用"污点修复画笔工具"时，很重要的是设置合适的笔刷直径，确定让多大范围内的图像做自动融合，这个参数大了或者小了效果都不好。

对于画面左下角的小块瑕疵，要用旁边的栏杆图像来覆盖，这肯定是用"图章工具"，而不能用"修复画笔工具"。

在工具箱中选中"图章工具"，设置合适的笔刷直径。在旁边的栏杆边缘位置按住Alt键，单击鼠标左键，完成取样。

将光标放到左下角，按住鼠标，复制取样点图像，将栏杆修补好。或许还需要到上面的麦地中取样，以将栏杆的边缘修补得十分完美。

最终效果

对图像中不同的瑕疵使用相应的修补工具，可以很好地修补图像，达到满意的效果。修补图像瑕疵是一件细致的工作，其实操作没有难度，主要是麻烦，需要耐心。

我们在这里使用多种修补工具，经过细心操作，修补了照片的瑕疵，让图像变得赏心悦目。至于这样修补过的片子能不能投稿参赛，那不是本文讨论的范围。

在网上看到一些漂亮的风光片，经常马上就会有人高呼，大片！大片呀！如若提问一句什么叫风光大片？很多朋友都会一时语塞，想想说，就是场面大，有气势，好看，漂亮。

静下心来好好想一想，到底什么才叫风光大片？我认为大概有3个条件。

首先，时机难得。拍摄风光片需要非常好的环境气氛，阴晴雨雪，春夏秋冬，不同时节拍摄的景物感觉完全不同。我们说时机难得也不能靠偶然碰上，而应该是有想法的，有预见的。如想拍一张长城上的彩虹，第一，冒着雷阵雨赶到拍摄位置，第二，雨后能够云开出太阳，第三，太阳的对面真的出现彩虹，第四，彩虹的位置与前景长城相匹配。哪有那么多巧合，所有的条件都具备，但如果真的赶上了这样难得的时机，那绝对是出大片的机会。有的景物一年里就那么几天能出现精彩的光线画面，而这几天的时间，天公能否为你作美，就看你的运气了。罕见的天象是风光大片的重要表现内容之一，能否抓到这样的时机，一方面靠勤奋，另一方面靠运气。

其次，技术高超。拍摄风光片考验摄影者的综合技术水平，这里说的技术高超、包罗万象中的技术不仅仅是相机上的光圈、速度、感光度、EV值、测光点等基本参数设置，还需要构图、用光、视角选择，这里涉及使用镜头焦段，画面构成元素，色调影调控制等深层次的考虑，其中既要有很好的美学知识，又要有相关的物理、计算机知识，甚至要有天文、地理、气象等科技知识储备。再向外引申到我们的装备、体力、户外活动经验能否让我们到达预想的拍摄机位。说到技术，当然应该包括后期处理技术。风光照片中常见的天地高反差、主体陪体影调、亮调暗调细节等问题，很多都要靠认真精细的后期处理来解决。扎实的后期处理技术是提升照片档次的重要手段。

最后，感情强烈。风光片必须带有真挚的感情，是能够感动人的。这似乎是一个软指标，无以言表，但这确实是一个非常重要的条件。照片要用什么方式来表达感情，与画面中元素的调度、主体与陪体关系的处理、后期处理技术的应用都有密切关系。要充分调动画面元素，让无言的景物表现出它的力度、节奏、旋律，但是这需要靠摄影者的主观意识。一个景物在不同的时光下拍摄，完全可以表现出不同的情绪，淡淡青雾中的妩媚，强烈逆光中的刚毅，落日余晖中的辉煌，雷鸣电闪中的狰狞。山水无情人有情，照片的感情是摄影者赋予被摄景物的，风光片有了这种强烈的感情，才能够打动观众，才具有认同感。

我们拍摄的风光片要想成为真正的大片，这3条缺一不可。如果只有第一条，那叫照相，不叫摄影。如果只有第二条，那叫糖水片，漂亮但不能打动观众。如果只有第3条，那不是摄影人，那是诗人。我觉得，我们按照这样3条来捕捉、思考、处理照片，才能得到真正的风光大片。满足这3条真的很不容易，因此，大片也不是随处可见的。要想拍到大片，勤奋吃苦、技术精湛、感情投入都要具备，同时需要运气。

用蒙版替换天空 06

风光摄影中经常有景物不错但天空效果不好的情况。这时的天空往往是过于平淡，缺乏与景物相符合的气氛。想为这样的画面替换一个天空，就需要在平时的摄影中注意留心拍摄一些天空、云彩的素材图片。在后期处理中，替换天空就是用蒙版来做局部遮挡，精确控制需要替换的区域，做到精细完美地替换。

准备图像

在Photoshop中打开随书赠送资源中的06.jpg文件。

在国家大剧院大厅里拍摄这张照片的时候，有感于建筑结构的线条之美。当时的天空虽然晴朗，但过于平淡。回来琢磨这张片子时舍不得放弃，于是想替换天空来看看效果。

建立精细选区

要在这张片子中替换天空，首先要为天空建立精细的选区。这个选区无法通过选取颜色来建立，通过明暗差别来建立比较可行。

打开通道面板，选择反差最大的蓝色通道，将蓝通道拖曳到下面的"创建新通道"图标上，复制出蓝拷贝通道。

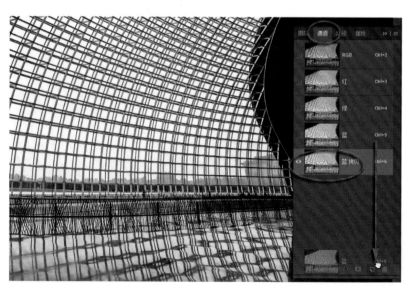

现在是在蓝拷贝通道中。选择"图像\调整\曲线"命令，打开曲线面板。用白色吸管单击室外的天空，用黑色吸管单击室内的物体。看到曲线的黑白两端都向内移动了，图像的反差进一步加大。这样做是为了让天空与钢架的边缘更清晰。

达到满意效果后，单击"确定"按钮退出曲线面板。

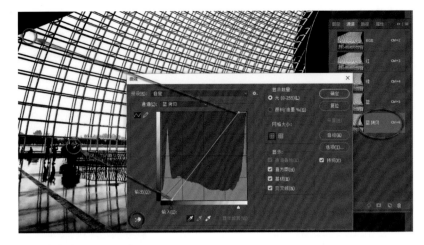

在通道面板的最下面单击"载入通道选区"图标，就可以看到蚂蚁线了。

当前通道中亮调的部分被作为选区载入，这些选区的大部分就是我们需要替换的天空部分。

在通道面板上用鼠标单击最上面的RGB复合通道，回到通道复合状态，可以看到彩色图像了。

注意，要用鼠标单击通道的名称，而不是单击通道前面的眼睛图标。不仅要看到彩色图像，而且要看到RGB通道和红、绿、蓝3个颜色通道都处于选中激活状态。

替换天空

在Photoshop中打开随书赠送资源中的06-1.jpg文件。

这是另外拍摄的一张风光片子，云彩的效果看着感觉还不错。

按Ctrl+A组合键将图像全选，按Ctrl+C组合键复制图像。

按Ctrl+W组合键关闭这个图像，因为此时素材已经没用了。

回到目标图像，打开图层面板，可以看到刚才载入通道选区的蚂蚁线还在。

现在要将刚刚复制的云彩素材图像粘贴到当前图像的天空选区之内，不能直接按Ctrl+V组合键粘贴。选择"编辑\选择性粘贴\贴入"命令，将复制的图像贴入选区。

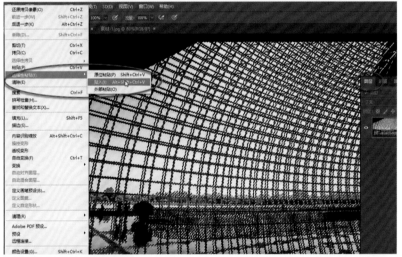

这时可以看到图层面板上增加了一个新图层，并且带有根据刚才的选区建立的图层蒙版。

图像贴入选区后，看到天空没有问题了，但地面不对了，素材图里的地面也显现出来了，需要修改蒙版。

按住Alt键，用鼠标单击图层面板上当前素材图层的蒙版图标，进入纯蒙版状态。现在看到的灰度图像是当前的蒙版。

在工具箱中选择"画笔工具"，将前景色设置为黑色，在上面的选项栏中设置合适的笔刷直径和最低硬度参数。用黑色画笔在地面上涂抹，将地面都涂抹为黑色。

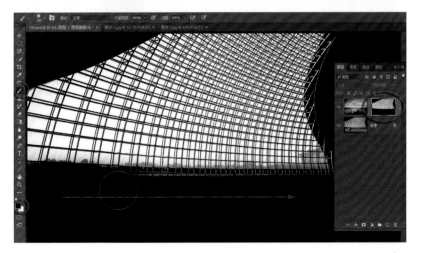

调整素材图像

按住Atl键单击蒙版图标，退出纯蒙版状态。看到彩色图像了，地面的影像恢复到原来的大厅地面效果了。但发现天边还有素材图的山，说明素材图的天空部分比所需的面积小。

在图层面板上单击当前层的缩览图，退出蒙版状态，进入图像状态。

按Ctrl+T组合键，进入自由变换模式。将变形框下边的控制点向下拉动，看到素材图中的山都隐藏到地面下面去了。按回车键确认，完成变形操作。

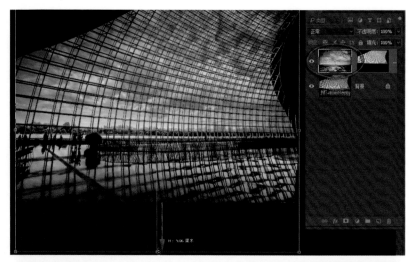

替换了天空之后，我又觉得钢架的影调有点浅了。在工具箱中选择"快速选择工具"，按住鼠标在天空部分拖曳，将大厅的天空整体选中，不必在意边缘是否选得精准，大致符合即可。

在图层面板上单击背景层，因为这里要调整的是大厅图像的影调。选择"图像\调整\曲线"命令，选中"直接调整工具"，在图像中按住钢架向下移动鼠标。看到曲线上也产生了一个控制点向下压低曲线，选区内的图像被压暗了，钢架的影调与天空的关系舒服了。

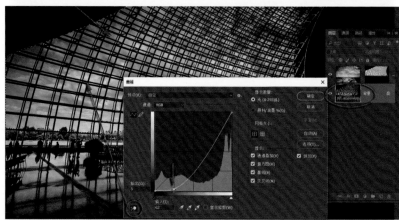

再调整一个

刚才替换的天空可以属于自然型的，再来尝试一个情绪型的。

在Photoshop中打开随书赠送资源中的06-2.jpg文件。

这个云的形状非常有情绪。下面的敌楼可能会影响一会儿替换天空的操作。在工具箱中选择"修补工具"，围着敌楼画出大致区域。将光标放在选区内，按住鼠标移动选区到合适的位置，用旁边的云彩修补选区。

松开鼠标后可以看到修补的情况，效果有些不满意，没关系，这部分的天空替换过去后可能只是很少的一部分，过去再看吧。

按Ctrl+A组合键全选图像。按Ctrl+C组合键复制图像。按Ctrl+W组合键关闭当前图像文件。

回到目标图像文件。按Ctrl+V组合键把素材图粘贴进来。在图层面板上可以看到新产生了一个图层，新的素材图整体覆盖在了图像的最上面。

在图层面板上单击下面图层的蒙版图标，激活蒙版。按住Ctrl+Alt组合键，用鼠标将当前图层蒙版拖曳到上面的新图层上。

在图层面板上看到当前层上复制了蒙版。效果图中窗外的云彩很有气势，但觉得方向不对。

在图层面板上单击最上面当前图层的缩览图，激活进入图像操作状态。选择"编辑\变换\水平翻转"命令，将当前层的图像做左右水平镜像翻转。现在看到，窗外的白云翻转到了右边，感觉方向对了。

感觉窗外的天空影调偏暗，选择"图像\调整\曲线"命令，在打开的曲线面板中选中"直接调整工具"，用鼠标在图像中按住天空中暗调的位置向上移动，看到曲线上产生相应的控制点也向上抬起曲线。看到天空的亮度满意了，单击"确定"按钮退出曲线。

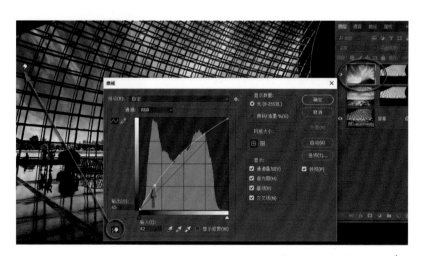

对云彩的方向也可以做调整。按Ctrl+T组合键，进入自由变换模式，光标放在变形框外面就会变成旋转图标，按住鼠标转动变形框到合适角度。天空的边缘不能露出来，用鼠标移动变形框的边点，看到天空完全铺满了所需的区域，达到满意的效果后，按回车键确认，完成变形操作。

因为图层面板上当前层图像与蒙版之间没有建立链接，因此这里对图像的变形操作不会影响到当前图层的蒙版。

暖色调云彩

我们这里所用的素材云彩与原图的天空色调相符，因此只需直接替换天空，地面的投影可以忽略。如果替换的是暖色调的云彩，与原图色调差异很大，就需要专门制作地面云彩的反射投影效果。

开始的操作步骤与前面做过的一样，已经讲过两遍了，这里不再赘述。复制06-3.jpg图像粘贴到这里，然后复制蒙版到当前新的图层中。

将这个图层复制。然后垂直翻转图像，重新涂抹蒙版，设置图层混合模式为"颜色"，适当降低当前图层的不透明度，看到地面的映射投影达到满意的效果了。

操作步骤不再细讲，若您有兴趣可以自己实验。素材图和操作要求可以参看随书赠送资源中的06.psd文件。

最终效果

　　经过这样的处理，原本平淡的天空被替换了。有了云彩的呼应，整个环境的气氛大大增强了。

　　替换天空是风光照片中一项可能会遇到的技术，所有的替换天空操作都应该使用蒙版来做，大多数的替换天空操作都是从通道中获得所需的选区。只有使用蒙版和通道，才能将风光照片处理得精细。

　　在风光摄影中，天空是营造气氛的重要元素。至于某一张风光照片是不是应该或者是不是允许替换天空，那是某些摄影的规则问题，不属于我们在这个案例中讨论的问题。

调整层处理图像更主动 07

调整层操作是一项非常实用的技术。调整层是将调整操作应用在专门的图层中，并且用蒙版控制调整的区域。调整层操作集调整、图层、蒙版3大技术于一身，最大的特点是实现了对图像的无损处理，并且可以反复修改调整的参数，这就使图像调整层处理更主动、更便捷，全无后顾之忧。

扫码看视频

准备图像

打开随书赠送资源中的07.jpg文件。

一场雷雨之后我赶到这座城堡，天上翻卷的乌云还没有散尽。我挤在花丛边，拍摄了这样一张片子，希望用地面的花草和天空的云来营造气氛，衬托城堡的高傲、神气。不敢让天空过曝，所以有意减少了半挡曝光。但还是感觉片子的气氛不够强烈。

调整天空影调

我也拿不准最终会调整出什么效果，因此使用调整层来做。

调整层操作的原理与细节调整方法请参阅"老邮差"系列图书的《调整层篇》，我们这里只讲具体操作。

在图层面板最下面单击"创建新的调整层"图标，在弹出的菜单中选择色阶命令，建立一个色阶调整层。

后面我们要做的所有调整层都是这样操作的。

在弹出的色阶面板中，从直方图的形状看出右边高光部分稍欠缺。将右边的白场滑标向左移动到直方图右侧起点位置，这样直方图就达到全色阶了，图像的影调就完整了。

专门来做天空的影调。

在图层面板最下面单击"创建新的调整层"图标，在弹出的菜单中选择曲线命令，建立一个新的曲线调整层。

在弹出的曲线面板中，选中"直接调整工具"。在图像中云彩最亮的地方按住鼠标向下移动，看到曲线上产生了相应的控制点，将曲线向下压。

在天空的中间亮度位置按住鼠标，看到曲线上又产生了相应的控制点。这次大概需要稍微向上移动一点鼠标，让曲线的变化与直方图的走势基本相符。

在图像中天空很暗的地方按住鼠标，看到曲线上又产生了相应的控制点，向下移动一点点即可。

整体感觉天空、云彩的层次都达到满意效果了。

这个调整层是专门处理天空的，因此要用蒙版控制调整的区域范围。

在工具箱中选择"画笔工具"，设置前景色为黑色，在图像中单击鼠标右键，在弹出的画笔面板中设置较大的笔刷直径和最低硬度参数。

现在是在蒙版状态中。用黑色画笔在画面中涂抹地面，看到地面的影调恢复了。感觉画面左侧的天空太暗，所以特意在左侧天空部分适当涂抹，直到整个天空的影调都满意了。

调整地面影调

再来调整地面影调。

在图层面板最下面单击"创建新的调整层"图标，在弹出的菜单中选择曲线命令，建立一个新的曲线调整层。

在弹出的曲线面板中，选中"直接调整工具"。在图像中建筑物亮面的地方按住鼠标向上移动，看到曲线上产生了相应的控制点，将曲线向上抬起了。在建筑物的阴影里按住鼠标向下移动，曲线上也产生相应的控制点向下压低曲线，将阴影部分曲线复位。

同样需要恢复地面以外部分的影调。

在工具箱中选择"画笔工具"，设置前景色为黑色，在图像中单击鼠标右键，在弹出的画笔面板中设置较大的笔刷直径和最低硬度参数。

用黑色画笔在画面中涂抹天空，看到天空的影调恢复了。

之所以使用较大直径的笔刷，就是为了让涂抹的天地交界的地方不要出现痕迹。

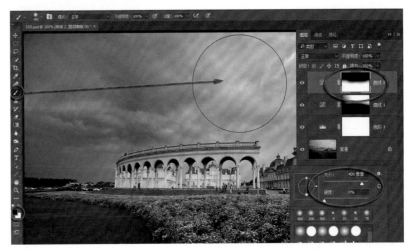

调整色彩

在图层面板最下面单击"创建新的调整层"图标，在弹出的菜单中选择"色相/饱和度"命令，建立一个新的色相/饱和度调整层。

在弹出的色相/饱和度面板中，选中"直接调整工具"。在图像中建筑物地方按住鼠标，看到面板颜色栏中自动选中了红色或者黄色，向右移动鼠标，提高颜色的饱和度参数。如果使用直接调整工具找不到要调整的颜色，就打开颜色下拉框，选中需要调整的颜色，然后直接提高其饱和度参数值。

图像中天空的颜色是青色和蓝色，分别将青色和蓝色的饱和度参数也稍微提高一点。

改变图像局部影调

现在感觉画面中间的城堡主体部分不够突出。

在图层面板最下面单击"创建新的调整层"图标，在弹出的菜单中选择曲线命令，建立一个新的曲线调整层。

在弹出的曲线面板中，选中"直接调整工具"。在图像中的花丛亮调地方按住鼠标向上移动，看到曲线上产生相应的控制点向上抬起曲线。在花丛的阴影中按住鼠标向下移动，将阴影部分的曲线复位。

现在整个画面都亮了。

在工具箱中选择"画笔工具"，设置前景色为黑色，在图像中单击鼠标右键，在弹出的画笔面板中设置较大的笔刷直径和最低的硬度参数。

用黑色画笔在画面中涂抹天空，看到天空的影调恢复了。在图像最下面涂抹地面，看到地面的影调也恢复了。这样一来，只有中间城堡和附近的地面影调提亮了，画面中间主体部分显得突出了。

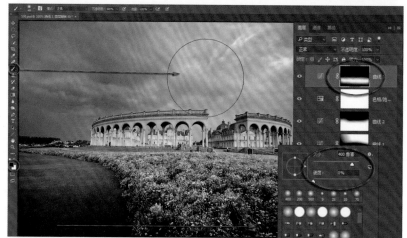

改变图像局部色调

希望天空稍带一点蓝色。

在图层面板最下面单击"创建新的调整层"图标，在弹出的菜单中选择曲线命令，建立一个新的曲线调整层。

在弹出的曲线面板中，单击"通道"下拉框，先选中红色通道。用直接调整工具在天空中按住中间亮度的地方适当向下移动鼠标，看到曲线上产生了相应的控制点，压低了红色曲线，也就是减少了红色。

再打开"通道"下拉框，选中绿色，在天空同样的位置按住鼠标稍微向下移动一点点，稍减少一点点绿色。

看到天空有一点蓝色的感觉了，这就够了。

在工具箱中选择"画笔工具"，设置前景色为黑色，在图像中单击鼠标右键，在弹出的画笔面板中设置较大的笔刷直径和最低硬度参数。

用黑色画笔在画面中涂抹地面，看到地面的色调恢复了。

图像调整到现在，可以算完成了。我们用了色阶、曲线、色相/饱和度"三板斧"的6个调整层，分别调整了全色阶、天空和地面的影调，中间主体的影调，所需的颜色等。

尝试其他效果

还可以继续尝试其他效果。

在图层面板最下面单击"创建新的调整层"图标，在弹出的菜单中选择黑白命令，建立一个新的黑白调整层。

在弹出的黑白面板中，提高红色和黄色的参数值，降低绿色和青色的参数值。这样做是为了突出城堡主体建筑。

我们并非要一个纯黑白的片子。在图层面板中，适当降低当前图层的不透明度参数，可以得到一种弱饱和的色彩效果。

打开图层混合模式下拉框，选中某个图层混合模式，又会出现新的效果。用键盘上的方向键向上或者向下，可以快速浏览各种不同的图层混合模式效果。说不定哪种效果就让你眼前一亮呢。

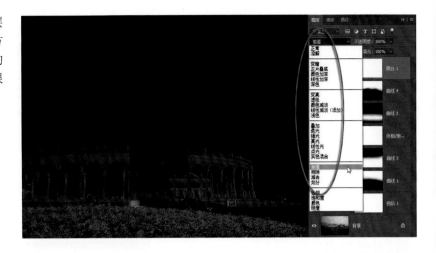

在图层面板上，用鼠标双击当前黑白调整层的图标，重新打开当前图层的调整面板，可以重新调整各项参数。

在重新打开的黑白面板中勾选"色调"选项，为当前图像映射一种单色调。单击色标，打开颜色拾色器，可以选择任意自己满意的颜色，满意了单击"确定"按钮退出拾色器。

再将当前黑白调整层的图层混合模式设置为"色相"，将不透明度适当降低，就可以看到一种怀旧的色调效果。

在图层面板上选中刚才建立的色相/饱和度调整层，在色相/饱和度调整层上双击调整层图标，重新打开色相/饱和度调整层。打开面板上面的预设下拉框，发现这里原来已经准备好了很多预设色彩效果。可以依次选择观看。选中氰版照相，看到图像呈蓝色。这是一种古老的显影方法。

在图层面板当前图层的最上面重新更改图层混合模式为"柔光"，又看到一种新的色调效果。究竟还能做出多少效果来，不同的片子，效果也会不同。您需要多多尝试各种组合方式。

现在有7个调整层，而每一个调整层都可以重新设置不同的参数值，而由此产生的新的效果组合也千变万化。

最终效果

应用了多个调整层，实现了对图像的各种调整，包括局部的影调和色调的处理。

想用哪个调整命令，就建立一个调整层。调整层就是把调整命令的操作，以图层的方式来实现，并且用蒙版来控制调整作用的区域。

调整层处理图像的好处在于：第一，对图像原图做无损处理；第二，可以反复调整。至于把一张照片处理成什么效果，完全看操作者的感觉和控制力。

使用调整层来调整图像，应该是我们处理照片的基本操作方式。

在风光摄影中经常遇到的情况是天空很亮，地面很暗，天地高反差。通常在前期拍摄中需要使用渐变滤镜来压暗天空。但很多时候没有使用滤镜，所以对于天地高反差的片子，在后期处理中，也是压暗天空，并且适当提亮地面。与前期拍摄时使用渐变镜相比，后期处理的自由度更大、效果更好、控制更精确。对于天地高反差的风光片，后期处理的基本思路就是将天和地分开处理。

准备图像

打开随书赠送资源中的08.jpg文件。

在风光摄影中，遇到这样天空很亮，地面很暗的情况，太多太多了。

如果前期拍摄中没有能够使用渐变镜压暗天空，那就回来再进行后期处理。但是前期拍摄时要注意准确曝光控制，尤其是对于JPEG图像，天空的高光一定不能过曝。

选择"窗口\直方图"命令，打开直方图面板，可以看到当前图像的直方图。

天地高反差图像的直方图，明显是U形的，中间凹，两边凸。直方图的右侧峰值是天空部分，左侧是地面部分。

选择"图像\调整\色阶"命令，打开色阶面板。

对图像做整体调整时，我们无法兼顾亮调和暗调的细节层次。将黑场滑标向右移动，看到天空影调满意了，但地面全黑了。将白场滑标向左移动，看到地面影调满意了，但天空全白了。

这就是处理天地高反差片子时会遇到的难题。

单击"取消"按钮退出色阶面板，图像恢复初始状态。

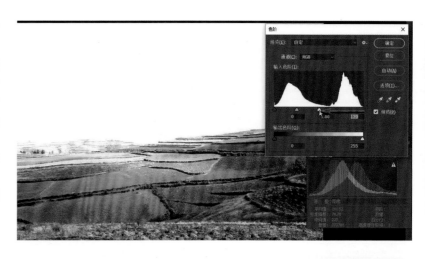

分层调整天地

对待天地高反差处理的基本思路是对天空和地面进行分别处理。

打开图层面板。用鼠标将背景层拖到下面创建新图层图标上，复制成背景拷贝层。

这两个图层，一个用来做天空，一个用来做地面。

选定哪个图层做天空都没关系。

当前层是背景拷贝层。选择"图像\调整\色阶"命令，打开色阶面板。先来做天空，将黑场滑标向右移动到大致中间的位置，看到天空暗下来了，反差合适了，地面全黑了也没关系。感觉天空整体影调偏暗，于是将中间灰滑标稍向左移动，天空的影调满意了。单击"确定"按钮退出。

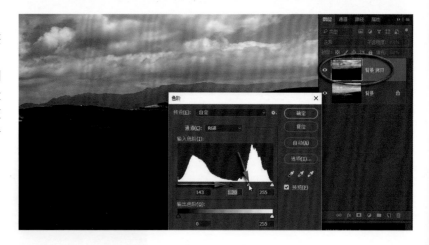

上面图层的天空调好了，再来调地面的影调。

在图层面板上，单击背景拷贝层前面的眼睛图标，将上面的图层关闭。单击背景层，指定下面的图层为当前层。

选择"图像\调整\色阶"命令，打开色阶面板。将白场滑标向左移动到中间位置，看到地面影调亮了，天空过曝了也没关系。再将中间灰滑标适当向右移动，让地面的影调达到满意的效果。单击"确定"按钮退出。

黑场、白场滑标的位置控制反差，中间灰滑标调整明暗。

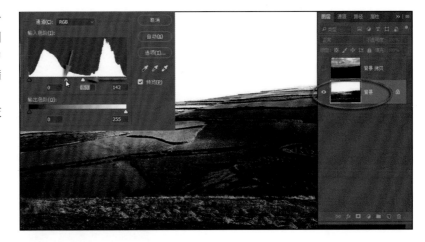

在图层面板上单击背景拷贝层前面的眼睛图标，重新打开上面的图层。单击背景拷贝图层，指定上面的图层为当前层。

在图层面板最下面单击创建图层蒙版图标，为当前层建立图层蒙版。

现在已经进入蒙版操作状态。

在工具箱中选择"渐变工具"，设定前景色为黑。在上面的选项栏中设置渐变色为前景色到透明，渐变方式为线性渐变。

在图像中天地交界的地方，从下向上拉出渐变线。渐变线的长短直接影响天地拼接的效果。

在蒙版的遮挡下，当前层被调黑的地面被遮挡掉了，保留了调整好的天空，与下面图层调整好的地面很好地融合在一起了。

用调整层来做

处理天地高反差的基本思路是将天地分开调整。做法可以有很多种，而调整层技术是最方便、精确的。

按F12键，将当前图像恢复到初始状态。咱们从头来做。

在图层面板最下面单击"创建新的调整层"图标，在弹出的菜单中选中色阶命令，建立一个新的色阶调整层。

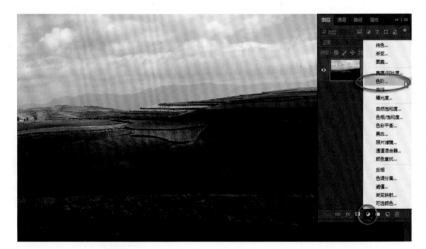

还是先来做天空。

在弹出的色阶面板中，将黑场滑标向右移动到中间位置。再将中间灰滑标稍微向左移动一点，可以看到天空的影调满意了。地面已经变黑了，暂时不用管它。

在工具箱中选择"渐变工具"，将前景色设置为黑。在上面的选项栏中设置渐变色为前景色到透明，渐变方式为线性渐变。

在图像中地面到天空交界处，从下到上拉出渐变线。一次不满意可以做两次，甚至3次。图像效果与渐变线的长短和起点终点位置有关。在蒙版的遮挡下，调整好的天空被保留了。

再建立一个调整层做地面。

在图层面板最下面单击"创建新的调整层"图标，在弹出的菜单中单击色阶命令，再建立一个新的色阶调整层。

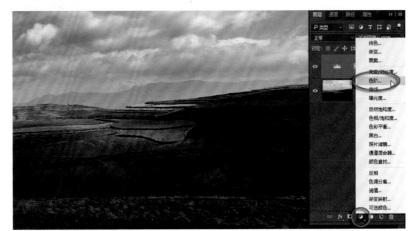

在弹出的色阶面板中，将白场滑标向左移动到中间位置。再将中间灰滑标稍微向右移动一点，看到地面的影调满意了。天空现在已经变白了，暂时不用管它。

在工具箱中选择"渐变工具"，将前景色设置为黑。在上面的选项栏中设置渐变色为前景色到透明，渐变方式为线性渐变。

在图像中天空到地面交界处，从上到下拉出渐变线。在蒙版的遮挡下，调整好的地面被保留了，过曝的天空被遮挡掉了，露出了前一个调整层做的天空。

反复精细调整

调整层的一大好处是可以反复调整。现在用两个调整层分别调整出天空和地面，二者结合后，如果对天空或者地面的影调关系不满意，可以继续做精细调整。

在图层面板上，用鼠标双击需要调整的调整层图标。在重新弹出的色阶面板上，按照直方图的形状和自己的感觉，继续精细设置各项参数，直到满意为止。

在天地交界处0-00，蒙版遮挡的位置影响天地间的效果。如果需要进一步调整天地交界的效果，需要继续修饰蒙版。

在图层面板上，单击需要修饰的蒙版图标，进入蒙版操作状态。然后在工具箱中选择"画笔工具"，设置所需的前景色，在上面的选项栏中设置合适的笔刷直径和最低硬度参数。用画笔涂抹天地交界处的蒙版，让天地交界的融合更舒服。

天地分开调整之后，整体的影调就舒服了。对比调整前后的直方图，可以看到，原来两个分立的波峰基本融合了，不再是天地大明大暗。而且地面的那一片局域光的效果也显现出来了，这才是当时拍摄这个场景时的感觉和想法。

最终效果

风光照片中天空很亮而地面很暗的情况很常见。后期处理天地高反差的基本思路就是将天空和地面分开处理。分开处理便于调整天地的影调关系。前期拍摄时使用渐变滤镜是对的，但有很多麻烦。而后期处理更方便、更自由、更精准。

天地分开处理的具体方法有多种，最终都是把这个图层处理好的天空与另一个图层处理好的地面融合在一起。有了这个基本思路，您擅长哪种方法就可以用哪种方法。

最后必须要说明的一点是，后期处理解决天地高反差，要依赖前期的良好拍摄，没有前期正确的曝光，后期调整也没戏。

压暗天空抬亮地面 09

扫码看视频

一般来说，照片中亮的地方最抢眼，能吸引观众的注意力。在风光摄影中天空通常都比地面要亮，而我们要表现的主体却大多是地面的景物。因此，对于大场景的风光片，在后期处理中压暗天空，抬亮地面，以此强调和突出地面的主体景物，这可以成为一种基本的思路。这种方法屡试不爽。

准备图像

打开随书赠送资源中的09.jpg文件。

站在秋末的草原高处，只见秋草枯黄，牛马闲散，没有了夏日繁盛的感觉。但兼葭苍苍，秋水长长，云影荡荡，也有一种开阔舒广的气势。

拍片子按快门的时候就已经想到了，天空太亮地面太暗。回去做后期处理时，应压暗天空，抬亮地面。

选择"窗口\直方图"命令，打开直方图面板，可以看到这张片子的直方图形状。

从直方图中可以清楚地看到，这张片子曝光基本正常，而直方图显示天空与地面各占一半。要压暗天空，抬亮地面，就是把天空和地面分开处理。

处理天空影调

先来调天空的影调。

在图层面板最下面单击"创建新的调整层"图标，在弹出的菜单中选中色阶命令，建立一个新的色阶调整层。

在弹出的色阶面板中，按照直方图的形状，先将黑场滑标向右移动到中间位置，并且将中间灰滑标也稍向右移动，看到天空的影调已经暗下来了。

地面的影调更暗了，不用担心。

建立了新的调整层后，是自动处于蒙版操作状态。

在工具箱中选择"渐变工具"，设置前景色为黑。在上面的选项栏中设置渐变颜色为前景色到透明，渐变方式为线性渐变。

用鼠标在图像中草地的边缘到天空之间，从下到上拉出渐变线。看到在蒙版的遮挡下，地面的影调恢复了初始状态。

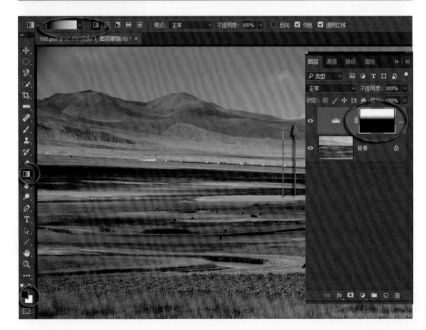

感觉天空的影调还是平淡，希望天空的影调能有明暗变化。

在图层面板最下面单击"创建新的调整层图标"，在弹出的菜单中选择曲线命令，建立一个曲线调整层。

在弹出的曲线面板中选中"直接调整工具"。在图像的天空上按住鼠标向下移动，看到曲线上也产生相应的控制点向下移动，压低了曲线，图像变得更暗了。担心天空反差不够，在直方图右边的高点对应的曲线上单击鼠标，建立一个控制点，将这个新的控制点向上移动到曲线复位点上。

在工具箱中选择"渐变工具"，设置前景色为黑。在上面的选项栏中设置渐变颜色为前景色到透明，渐变方式为线性渐变。

用鼠标在图像中草地的边缘到天空的中间位置，从下到上拉出渐变线。看到在蒙版的遮挡下，渐变线起点以下的部分恢复了刚才的状态。

左上角有点暗，于是用"画笔工具"稍微涂抹了一下。

天空做了两次不同程度的压暗，使天空的影调不仅暗了下来，而且有了明暗变化，空间感更强了。

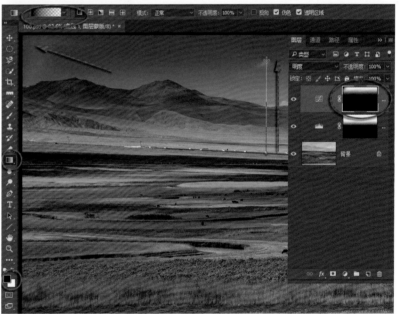

处理地面影调

再来处理地面的影调。

在图层面板的最下面单击"创建新的调整层"图标，在弹出的菜单中选中色阶命令，建立一个新的色阶调整层。

在弹出的色阶面板中，按照直方图的形状，将黑场滑标向右移动到直方图左边的起点位置，将白场滑标向左移动到直方图右边的起点位置。看到地面的影调基本满意了。

在工具箱中选择"渐变工具"，设置前景色为黑色。在上面的选项栏中设置渐变颜色为前景色到透明，渐变方式为线性渐变。

用鼠标在图像中天空到草地的边缘位置，从上到下拉出渐变线。看到在蒙版的遮挡下，天空部分恢复了刚才的状态。

而地面脚下的草地太亮了，也用蒙版进行遮挡。用鼠标从图像最下面到亮调草地边缘从下往上拉出渐变线。近景的草地被遮挡了。

现在明白为什么渐变颜色要设置为前景色到透明了吗？

感觉近景的草地还是太亮，干扰中间主题草原。

在图层面板的最下面单击"创建新的调整层"图标，在弹出的菜单中选择曲线命令，建立一个曲线调整层。

在弹出的曲线面板中选中"直接调整工具"。在最下面的草地上按住鼠标向下移动，看到曲线上也产生相应的控制点向下移动，压低了曲线。感觉最下面的草地不需要高反差，索性将曲线的右上方顶点向下移动。此时近景的草地影调绝对够暗了。

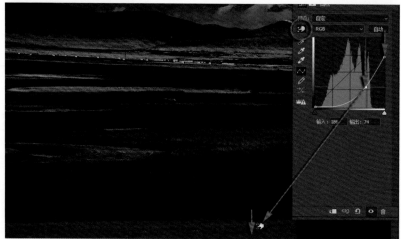

在工具箱中选择"渐变工具"，设置前景色为黑色。在上面的选项栏中设置渐变颜色为前景色到透明，渐变方式为线性渐变。

用鼠标在图像中近景草地上面开始处，从上到下拉出渐变线。看到在蒙版的遮挡下，近景草地的影调保留了，而图像大部分恢复了刚才的状态。

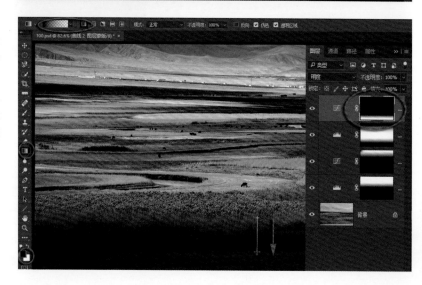

调整颜色

在图层面板的最下面单击"创建新的调整层"图标，在弹出的菜单中选择色相/饱和度命令，建立一个色相/饱和度调整层。

在弹出的色相/饱和度面板中选中"直接调整工具"。在草地上按住鼠标，看到面板颜色栏中自动选中了黄色，向右移动鼠标，提高了黄色的饱和度。

在图像中深色的草地上按住鼠标，看到面板的颜色栏中自动选中了红色。按住鼠标向右移动，提高了红色的饱和度。

在图像中深色的草地上按住鼠标，看到面板的颜色栏中自动选中了红色。按住鼠标向右移动，提高了红色的饱和度。

用鼠标单击颜色栏，选中"全图"。将饱和度滑标稍向右移动，提高一点全图的色彩饱和度。

现在感觉色彩饱满舒服了。

反复细微调整

打开图层面板，看到我们一共做了5个调整层。

单击任意调整层前面的眼睛图标，可以反复打开、关闭这个调整层，以观察这个调整层的作用和效果。

按住Shift键，用鼠标在图层面板中单击某个蒙版图标，可以反复打开、关闭这个蒙版。这样便于观察这个蒙版是否合适，如果对这个蒙版遮挡的区域、位置、形状、深浅效果不满意，可以单击激活这个蒙版，然后用相关的工具重新修饰蒙版。

对某个调整层的参数不满意，可以随时在调整层上双击那个调整图标，重新进入那个调整界面，重新设置所需的各项调整参数。

最终效果

　　压暗天空抬亮地面，使片子要表现的地面主体景物更突出了，而天空不再平淡，不再抢眼了。

经过这样的处理，光影更加生动，秋末的草原显得更加妩媚，令人向往。

蒹葭苍苍，白露为霜，所谓伊人，在水一方……

这才是摄影，开始时的原片只能叫照相。

亮度蒙版最精细 10

在蒙版中，用当前图像自身的黑白影调图像来做蒙版，按照自身的明暗关系来自动调整图像，不用画笔或者渐变填充。这样的蒙版第一是避免了涂抹留有人为痕迹，第二是能够获得非常细腻的调整效果。这种蒙版过去我称之为"灰度蒙版"，现在圈内从国外引进的流行名称是"亮度蒙版"。

准备图像

打开随书赠送资源中的10.jpg文件。

山中秋色正浓，沿着河滩一路行摄，听秋水轻轻吟唱，看落叶随波逐流。静静地体会，慢慢地拍摄，周围一个人都没有，如此幽静，唯我独享。

只是由于当时的天气阴沉，拍摄的片子影调也因此沉闷了。我想可以在后期处理中，把我对片子中的美景的体会表达出来。

常规调整效果

在图层面板最下面单击"创建新的调整层"图标，在弹出的菜单中选择曲线命令，建立一个曲线调整层。

在曲线面板中选中"直接调整工具"。用鼠标在图像中按住水面的亮处向上移动，曲线上也产生相应的控制点抬起曲线，图像亮了。在天空、水面暗处、石头暗处分别建立控制点，移动曲线，让图像的影调反差达到满意的效果。

这是常规的曲线调整影调的方法。

载入亮度蒙版

在图层面板上将当前图层前面的眼睛图标单击，关闭当前曲线调整层。

图像恢复到初始状态。

我们换成亮度蒙版来做调整。

打开通道面板。

按住Ctrl键，用鼠标单击最上面的RGB复合通道，这样就载入了所单击通道的亮度选区，就可以看到蚂蚁线了。

在亮度蒙版下调整影调

回到图层面板，蚂蚁线还在。刚才建立的曲线调整层仍然处于关闭状态。

在图层面板的最下面单击"创建新的调整层"图标，在弹出的菜单中选择曲线命令，再建立一个新的曲线调整层。

在弹出的曲线面板中，选中"直接调整工具"，在图像中按住水面的亮处向上移动，抬起曲线。再分别调整水面中间亮度、水面暗处和石头暗处。

现在这样调整曲线，还是为了加大水面影调的反差。感觉曲线变了，但画面的影调变化没有想象中那么明显。

回到图层面板，可以看到当前层的蒙版中是一个灰度图像，这就是刚才从RGB复合通道中载入的选区产生的蒙版。

这个蒙版实际上就是当前图像自身的黑白图像。这个灰度图像的影调很细腻，由此控制着调整命令的作用也就非常细腻。

可以在图层面板上，轮流单击当前亮度蒙版的曲线调整层和刚才建立的常规曲线调整层前面的眼睛图标，轮换观看这两个调整层处理后所产生的效果。

经过反复仔细比较，似乎可以看出来，在亮度蒙版的控制下，调整的图像层次更丰富细腻。两种调整的最亮和最暗的程度是一样的，差异在于中间影调。亮度蒙版所处理的图像效果，中间影调非常细腻。

在亮度蒙版下调整色调

再来调色调。

在图层面板的最下面单击"创建新的调整层"图标，在弹出的菜单中选择色相/饱和度命令，建立一个新的色相/饱和度调整层。

在弹出的色阶面板中，先将全图的饱和度参数适当提高一点，图像的颜色看起来鲜艳了。

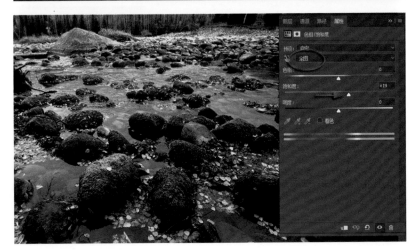

在色相/饱和度面板上单击选中"直接调整工具"。

将光标放在水面上，按住鼠标向右移动，可以看到自动选中了蓝色通道，增加了蓝色的饱和度。水面颜色鲜艳了。

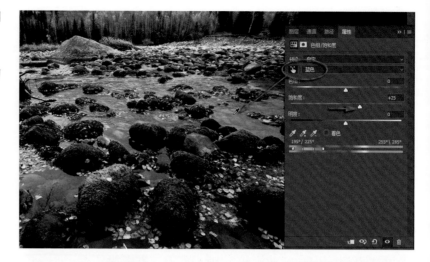

将光标放在石头的苔藓上，按住鼠标看到自动选中了黄色。按住鼠标向右移动，看到黄色的饱和度提高了，所有的绿色植物都显得水灵灵的。

将光标放在水中落叶上，按住鼠标看到自动选中了红色。按住鼠标向右移动，看到红色的饱和度提高了，水中落叶的颜色鲜艳了，落叶更好看了。

为颜色调整加亮度蒙版

想在当前的色相/饱和度调整层上添加亮度蒙版，可以再到通道面板中载入所需的选区来做蒙版，也可以直接复制刚才做好的亮度蒙版。

按住Ctrl+Alt组合键，在图层面板上用鼠标按住刚才建立的亮度蒙版，直接拖曳亮度蒙版到当前蒙版。这样就可以复制所需的蒙版了。

在这个亮度蒙版的控制下，感觉图像的色彩又有了细微的变化。但这个色彩效果似乎并不能令人满意，因为图像中暗调部分的色彩，都被这个亮度蒙版遮挡了。这样等于图像只有亮调部分做了色彩调整，但是色彩恰恰是暗调部分比亮调部分更动人。

当前处于色相/饱和度调整层的蒙版操作状态。选择"图像\调整\反相"命令，快捷键是Ctrl+I，可以看到当前亮度蒙版的影调反过来了。

这样一来，图像的亮调部分色彩不变，而暗调部分的色彩被当前色相/饱和度调整层做了红、黄、蓝颜色的处理。现在图像的颜色感觉舒服多了。

还是感觉水面的颜色不够鲜艳。

在图层面板的最下面单击"创建新的调整层"图标,在弹出的菜单中选择色相/饱和度命令,建立第2个色相/饱和度调整层。

在弹出的色相/饱和度面板中,打开颜色下拉框,选中青色。将饱和度滑标向右移动,专门提高青色的饱和度参数值。水面看起来靓丽了。

如果在第一个色相/饱和度调整层中提高青色的饱和度,那么会被那个调整层的亮度蒙版控制而达不到预期的效果。因为水面的复杂形状无法用画笔涂抹得很规范,因此单建立一个色相/饱和度调整层来专门加水面的青色。不用再涂抹蒙版,因为这个图像中只有水面有青色。

局部细微调整

再来细微调整图像局部影调。

想将河对岸的杨树秋林提亮。在图层面板的最下面单击"创建新的调整层"图标,在弹出的菜单中选择曲线命令,再建立一个新的曲线调整层来处理局部影调。

在弹出的曲线面板中,选中"直接调整工具",在树林的亮处和暗处分别单击鼠标,建立控制点。将亮处点向上移动抬起曲线,暗处点回位。这样图像整体就提亮了。

在工具箱中设置前景色为白色,背景色为黑色。回到图层面板,当前为刚建立的曲线调整层的蒙版操作状态。按Ctrl+Delete组合键,在蒙版中填充背景色黑色,图像又暗了。

在工具箱中选择"画笔工具",设置合适的笔刷直径和最低硬度参数。用白色画笔涂抹远处的秋林,秋林亮了。继续用白色画笔涂抹近景的石头和水中落叶,近景也亮了。可以配合渐隐命令控制涂抹蒙版的灰度,以控制前景局部的明暗。

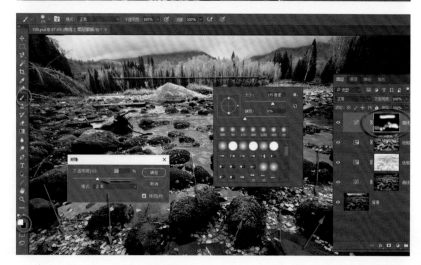

局部细微调整

亮度蒙版也是可以反复调整的。

在图层面板中单击选中第一个亮度蒙版。按住Alt键单击蒙版，可以进入观察蒙版状态。在这里可以清楚地看到当前蒙版的灰度影像。亮的地方是当前层被调整的地方，暗的地方是当前层不被调整的地方。

对蒙版的明暗反差效果不满意，可以再进一步调整蒙版的影调。

选择"图像\调整\曲线"命令打开曲线面板，选中"直接调整工具"。在蒙版中按住水面的亮处向上移动鼠标，抬起曲线。在石头上按住鼠标向下移动，让暗处曲线回位。达到满意效果后单击"确定"按钮退出曲线。

加大了亮度蒙版的反差，也就会加大当前层调整的反差。

按住Alt键在当前蒙版上单击鼠标，退出蒙版显示，就可以看到彩色图像了。反复按Ctrl+Z组合键，可以对比刚才调整的蒙版反差前后对图像的影响有多大。

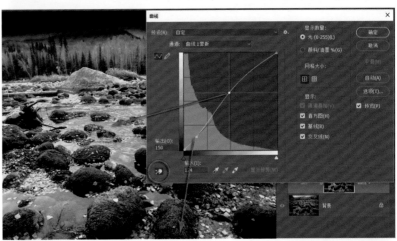

最终效果

亮度蒙版都是从通道中获得的，亮度蒙版按照自身的影调明暗关系来控制调整处理，所以能够获得非常精细的影调层次。

对于特别注重片子质感，注重影调细节的后期处理者而言，亮度蒙版绝对是必须掌握的好方法。

能熟练使用亮度蒙版处理片子的人，肯定都是高手。用亮度蒙版调出来的片子，就一个字——细！

集调整蒙版图层操作之和 11

调整层操作集调整、图层、蒙版三大技术于一身，是我们处理JPEG图像的常规操作方法。实际上，使用调整层处理图像的核心还是"色阶""曲线""色相/饱和度"的"三板斧"，调整处理照片的思路没有变，但通过图层进行操作，通过蒙版来控制操作范围，这样就大大提高了调整处理照片的灵活性和可靠性。

准备图像

打开随书赠送资源中的11.jpg文件。

当美景出现的时候我就开始激动了。天边夕阳落去，漫天放射霞光。近前梯田层层，水面映射天光。前期拍摄时，尽量保证天空别太过曝，地面别太欠曝。但天空太亮，地面太暗，是拍摄日出、日落画面最常见的情况。拍摄时心里有数即可，回来可以做后期处理。

调整天空影调

对于这种风光片的后期处理，思路上就是压暗天空，提亮地面。操作上就是对每一个调整操作都使用调整层。

看过这个图像的直方图，知道色阶的两端稍差一点。

在图层面板的最下面单击"创建新的调整层"图标，在弹出的菜单中选中色阶命令，建立一个新的色阶调整层。

在弹出的色阶面板中，依照直方图的形状，将左右两边的黑白场滑标向内移动到直方图左右两端的起点位置，让直方图达到全色阶，图像的影调完整了。

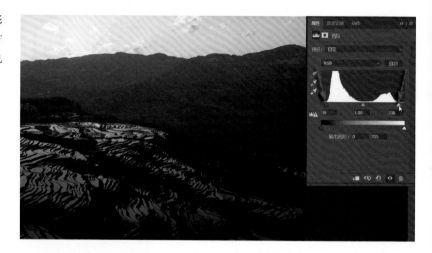

先来处理天空的影调。

在图层面板的最下面单击"创建新的调整层"图标，在弹出的菜单中选择曲线命令，建立一个新的曲线调整层。

在弹出的曲线面板中，选中"直接调整工具"。在图像中天空位置按住鼠标向下移动，看到曲线上产生了相应的控制点，将曲线向下压了。

在天空很暗的地方按住鼠标，看到曲线上又产生了相应的控制点，向下移动鼠标。

看到天空中的霞光显现出来了，现在知道我当时面对这个场景为什么激动了吧！

天空的影调出来了，还得将地面用蒙版遮挡回来。

在工具箱中选择"画笔工具"，将前景色设置为黑色，在上面的选项栏中设置很大的笔刷直径和最低硬度参数。用黑色画笔在画面中涂抹地面，看到地面的影调恢复到原始状态。不是必须要把天空与远山的边缘涂抹得非常清晰，实际上用大笔刷将边缘涂抹得虚一点，反而更符合实际情况。

调整地面影调

再来调整地面影调。

在图层面板的最下面单击"创建新的调整层"图标，在弹出的菜单中选择曲线命令，建立第2个曲线调整层。

在弹出的曲线面板中，选中"直接调整工具"。在图像中水田亮面的地方按住鼠标向上移动，看到曲线上产生了相应的控制点，将曲线向上抬起了。在水田的阴影里按住鼠标向下移动，曲线上也产生了相应的控制点向下压低曲线，将阴影部分曲线复位。

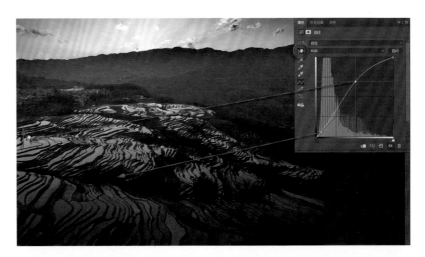

同样需要恢复地面以外部分的影调。

在工具箱中选择"画笔工具"，设置前景色为黑色，在图像中单击鼠标右键，在弹出的画笔面板中设置较大的笔刷直径和最低硬度参数。

用黑色画笔在画面中涂抹天空，看到天空的影调恢复了。之所以使用较大直径的笔刷，就是为了让涂抹的天地交界的地方不要出现痕迹。

调整色彩

在图层面板的最下面单击"创建新的调整层"图标，在弹出的菜单中选择色相/饱和度命令，建立一个新的色相/饱和度调整层。

在弹出的色相/饱和度面板中，先将全图的饱和度参数值适当提高，看到图像的颜色鲜艳了，晚霞的气氛更强烈了。

天空的色彩满意了，感觉地面水田的颜色应该再强烈一点。但如果在当前调整层进行操作，地面的颜色满意了，天空的颜色就会过度。所以再建立一个新的调整层吧。

在图层面板的最下面单击"创建新的调整层"图标，在弹出的菜单中选择色相/饱和度命令，建立第2个色相/饱和度调整层。

在弹出的色相/饱和度面板中选中"直接调整工具"，在图像中的水田里反射的暖色霞光位置按住鼠标向右移动，看到自动选中了红色，并提高了红色的饱和度参数值。

再用鼠标按住水面向右移动，看到自动选中了蓝色，并提高了蓝色的饱和度参数值。

为了提高水面颜色的饱和度，还需要再提高青色的饱和度参数值。但水面可能大都是蓝色，不容易找到青色。

在面板上直接单击颜色下拉框，在弹出的颜色通道中直接选中青色。将青色的饱和度参数值向右移动，青色的饱和度提高了。现在感觉整个水田映射着天光，像宝石一样晶莹。

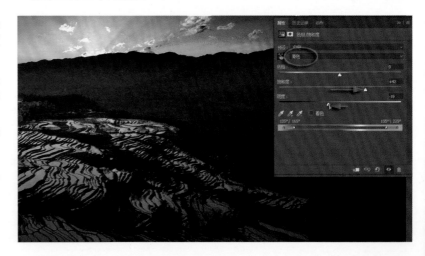

地面的颜色满意了，天空的颜色就过了。这个调整层只处理地面颜色，因此还要用蒙版把天空遮挡掉。

而这个蒙版应该与刚才调整地面影调的曲线调整层的蒙版是一样的，因此可以直接复制刚才做的蒙版。

打开图层面板，先按住Ctrl+Alt组合键，用鼠标按住下面刚才做好的蒙版向上拖曳到当前蒙版中，这样就将拖曳的蒙版复制到当前图层的蒙版中了。

处理局部影调

感觉梯田左上方山坡上的村庄可以再提亮一点。

在图层面板的最下面单击"创建新的调整层"图标，在弹出的菜单中选择曲线命令，建立一个新的曲线调整层专门来做村庄局部的影调。

在弹出的曲线面板中，选中"直接调整工具"，在图像中村庄房子的位置按住鼠标向上移动，曲线上产生相应的控制点向上抬起曲线。又在村庄外的阴影中按住鼠标向下移动，曲线上产生相应的控制点将曲线回位。

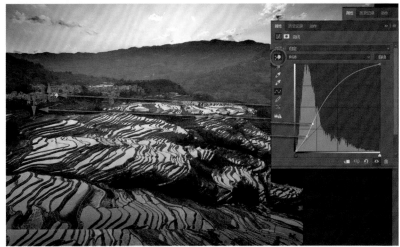

在工具箱中设置前景色为白色，背景色为黑色。

按Ctrl+Delete组合键，在蒙版中先填充黑色，当前图层的调整完全被遮挡了。在工具箱中选择"画笔工具"，在上面的选项栏中设置合适的笔刷直径和最低硬度参数。用白色画笔涂抹村庄，要一笔涂抹，中间不能松开鼠标，可以看到当前层调整的村庄影调显现出来了。

感觉村庄的亮度有点太亮了。选择"编辑\渐隐"命令打开渐隐面板，将"不透明度"滑标向左移动，降低不透明度，看到村庄的明暗效果满意了，单击"确定"按钮退出渐隐。

这个"渐隐"操作只能对前一步操作起作用，因此，前面涂抹村庄的时候必须一笔涂抹。

村庄的影调明暗满意了，但村庄的边缘似乎还与预期不大相符。

在工具箱的前景色/背景色图标右上角单击转换图标，前景色转换为黑色。这个转换前景色/背景色操作的快捷键是X键。

用黑色画笔涂抹村庄周围，让当前调整层的蒙版与村庄局部更吻合，这样村庄的影调和区域完全满意了。

现在感觉地面的影调过重，细节看不清楚。

在图层面板中选中刚才调整地面影调的曲线调整层。然后将这个图层的混合模式设置为"线性减淡"，地面的影调顿时亮了许多。但这也太亮了，于是再将这个图层的不透明度适当降低到40%左右。这样感觉地面的影调和细节都满意了。

最终效果

在这个案例中，我们使用了6个调整层，分别用来处理天空、地面、村庄的影调和色彩。使用调整层，不仅使这些处理方便自如，而且能够反复调整，没有后顾之忧。

处理后的图像得到了大大改观，晚霞映射中，梯田光影宁静。天光的线条与梯田的线条相映成趣，很有节奏感。而所有这些都是原片没有显现出来的，但这又是在前期拍摄中就已经心中有数，有意为后期处理留出的处理空间。

现在，熟练地使用调整层处理风光照片，不仅贯彻了压暗天空抬亮地面的处理思路，而且能够精细调整图像中的任意局部，并且根据全图的情况分别调整各个局部的影调和色彩。用好调整层就能够实现随心所欲地各项调整处理。

准确把握基本影调色调 12

每一张照片都需要得到基本的影调色调效果，使片子看上去画面感觉更舒服，技术参数更科学。随着RAW图像的普遍使用，在Adobe Camera RAW(ACR)软件中处理照片的基本影调色调，成为处理照片的基本操作。所以，在ACR中处理照片的第一个操作面板就叫作"基本"面板。这是我们调整RAW照片必须做的第一步。

扫码看视频（上）　扫码看视频（下）

准备图像

打开随书赠送资源中的12.CR2文件。

在Photoshop中，只要打开的是RAW图像文件，就会自动进入Adobe Camera RAW(ACR)中。

关于ACR的操作请参看《老邮差数码照片处理技法 RAW篇》等相关书籍。我们在本书中只讲述使用ACR处理风光照片的具体技术问题。

这张片子在前期拍摄中，考虑到星芒效果，故意欠曝。因此片子的整体影调偏暗。但从片子的直方图可以看到，整体曝光是正常的。

调整基本影调

基本调整面板中是我们处理照片基本影调和色调的各项操作参数。

一项一项来看这些参数的基本操作方法。

"曝光"参数很好理解。将"曝光"参数滑标向右移动，就为图像增加了曝光。这样片子的影调就变亮了，最高可以增加5挡曝光，这是很不得了的。在上面的直方图中可以看到，整个波峰大幅度向右移动，波峰的最右边不仅到了端点"撞墙"，而且还直立起来"爬墙"了。

在直方图的右上角，单击三角图标，打开"高光修剪警告"。可以看到，图像中过曝的地方以红色标记显示，这就是"爬墙"的部分，这部分图像完全为白色，损失了层次。我们称之为"高光溢出"。

将"曝光"参数滑标逐渐向左移动，可以看到高光溢出警告的红色标记逐渐减少。

将"高光"参数滑标向左移动，可以看到图像中高光溢出警告的红色标记越来越少，高光部分的层次得到很好的恢复。

降低"高光"参数，恢复了高光部分的层次，可以看到直方图也不再"爬墙"了。

移动"高光"参数滑标，只改变图像中高光部分的影调层次，不会影响到图像中其他部分的影调层次。

将"曝光"参数滑标向左移动，看到图像影调越来越暗。从参数中可以看到，最低可以降低5挡曝光。也就是说，"曝光"参数可以有10挡的加减范围，这真是个不得了的好东西。

将"曝光"参数降到最低，在直方图上可以看到，波峰大幅度向左移动，不仅到了最左端"撞墙"，而且波峰直立起来了，严重"爬墙"了。

在直方图的左上角单击"阴影修剪警告"的三角图标，看到图像中出现大面积蓝色警告标记。凡是蓝色区域，都是死黑的，没有层次。我们称之为"阴影溢出"。

逐渐向右移动"曝光"参数滑标，适当增加曝光，可以看到阴影溢出警告的蓝色标记逐渐减少了。

将"阴影"参数滑标向右移动，看到图像中阴影溢出警告的蓝色标记明显减少，也就是说，"阴影"参数专门用来控制图像中阴影部分的影调层次，不会影响到图像中其他部分的影调层次。

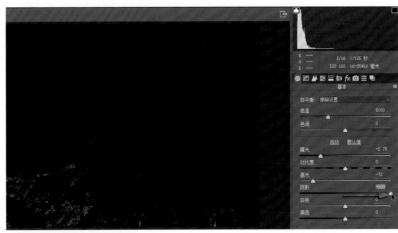

再来看"白色"和"黑色"。

先将"曝光"参数滑标向右移动，提高曝光量。看到图像变亮了，同时看到图像中出现大量高光溢出警告的红色标记。将"白色"参数滑标向左移动，降低白色参数值，看到高光溢出的红色标记也大大减少了。

将"曝光"参数滑标向左边移动，降低曝光量。看到图像变暗了，同时看到图像中出现大量阴影溢出警告的蓝色标记。将"黑色"参数滑标向右移动，提高黑色参数值，看到阴影溢出的蓝色标记也大大减少了。

"高光"和"白色"参数都可以专门调整亮调的层次，它们有什么区别呢？"阴影"和"黑色"都可以专门调整暗调的层次，它们有什么不同呢？

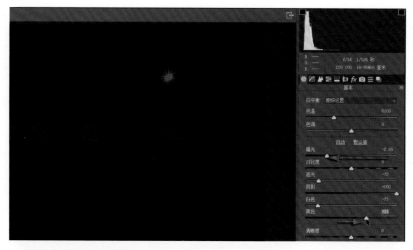

直方图的5个区域

按住"Alt"键单击界面右下角的"复位"按钮，将当前所有调整的参数复位归零。

将光标放在最上面的直方图中，可以看到光标所处的位置出现灰色区域标记。中间的灰色标记最宽。将光标分别放到靠近中间的左右两边，看到灰色标记稍窄。再向两边放光标，看到两端的灰色标记最窄。一共有5个宽窄不同的区域。

注意，是将光标放在直方图中，而不要按住鼠标移动。

如果光标放在直方图中没有出现灰色区域标记，是因为您的ACR版本低，或者是您计算机操作系统不是64位。

现在将光标放在直方图的中间位置，看到直方图中出现了灰色区域标记。

按住鼠标，也就是按住灰色区域，分别向左右移动。可以看到图像的明暗在变化，直方图的波峰也跟着左右移动。

注意看下面的参数区，只有"曝光"参数在跟着动。随着鼠标左右移动，曝光参数也跟着相应加减。也就是说，"曝光"参数对应控制直方图的中间区域。

将光标放在直方图右侧的区域中，按住灰色区域标记移动鼠标，看到稍宽的区域对应参数区中的"高光"参数，而最右边最窄的区域对应参数区中的"白色"参数。

　　分别将"高光"和"白色"参数向左移动，可以看到直方图右边不再"爬墙"了。

　　由此，我们也明白了"高光"与"白色"的区别，它们控制的亮调空间不同。

　　将光标放在直方图左侧的区域中，按住灰色区域标记移动鼠标，看到稍宽的区域对应参数区中的"阴影"参数，而最左边最窄的区域对应参数区中的"黑色"参数。

　　将"阴影"参数向右移动，看到图像阴影部分的层次丰富了。但是直方图的最左边达不到墙根了，图像中也就缺少了最暗的点。将"黑色"参数滑标适当向左移动，看到直方图最左端到达墙根了。

　　由此，我们也明白了"阴影"与"黑色"的区别，它们控制的暗调空间不同。

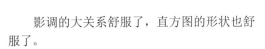

　　影调的大关系舒服了，直方图的形状也舒服了。

　　再来移动"对比度"参数滑标。向右移动是提高对比度，向左移动是降低对比度。可以看到直方图也随之或向两边移动提高了反差，或向中间移动降低了反差。

设置效果参数

下面还有一组参数，是处理效果和颜色的。

将"清晰度"参数滑标向右移动，看到图像果然清晰了许多。直方图也向左右两边移动了。但是这与提高"对比度"和"锐化"不是一回事。提高"清晰度"是在明暗交界的地方进行强化运算，而不是全图整体处理。

将"清晰度"参数向左移动，看到图像变得朦胧了，好像早年我们使用柔光镜的拍摄效果。注意，降低"清晰度"参数后，图像朦胧了但并不是模糊了，朦胧和模糊不是一个概念。把图像放大到100%观看，原图依然清晰，但很朦胧。

先提高"清晰度"参数值，然后将"自然饱和度"参数滑标向右移动，提高自然饱和度参数值。看到图像的色彩鲜艳了。

但同时看到直方图塌下去了，最左边的黑色出现了"爬墙"现象。

既然如此，就将"黑色"参数滑标向右移动，看到直方图又起来了。还可以适当移动直方图中间的波峰位置，也就是改变"曝光"参数值。直方图舒服了，片子的整体调子也就没有问题了。

饱和度的高低不仅影响颜色，而且影响影调。大幅度提高饱和度尤其会影响图像质量。

"自然饱和度"命令是Photoshop后来增加的，过去只有"饱和度"命令，大幅度增加图像的饱和度，会产生大量的高光溢出，而提高自然饱和度，则不会出现大量高光溢出。

因此，我们现在基本上只做自然饱和度。

快捷方法

调整基本影调主要就是调整这8个参数。但很多朋友问，我拿到一张片子应该先动哪个参数呢？

我们来看一个最简单、快捷的方法。先按住Alt键，单击右下角的"复位"按钮，所有参数复位归零。

第一步，在参数区中单击"自动"选项，让基本参数做自动调整，相当于相机的自动曝光。

看到直方图两边达到了全色阶。然后根据片子影调的具体情况和自己的需要，适当调整各项参数。感觉片子整体影调偏暗，将"曝光"参数稍微提高一点点。

可以看着直方图，在直方图里用鼠标直接拖动。看着图像和直方图，感觉需要直方图哪里高一点，哪里低一点，就在直方图里用鼠标拖动波峰，参数区里相应的参数就跟着调整了。

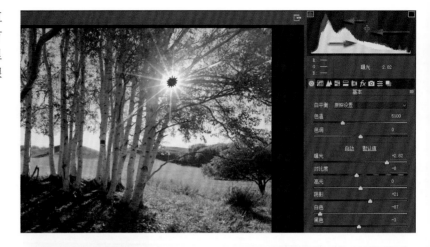

或者直接移动参数区里相应的参数滑标，修改某项参数，基本上都是微调。

"自动"只调整6个参数。而"清晰度"和"自然饱和度"参数，还得自己动手设置。

对于大多数片子，先做"自动"，然后适当微调，操作很方便，效果很明显。

在桌面的右下角，反复单击第一个和第二个图标，可以在调整前后的效果之间做切换对比。

如果某个调整的参数滑标想复位归零，在那个滑标上双击鼠标就行了。

最终效果

　　调整片子的基本影调就是调整"曝光"和"对比度""高光"和"阴影""白色"和"黑色"这3组参数，然后用"清晰度"和"自然饱和度"设置效果。

　　调整片子的色调，需要设置参数区中的"色温"和"色调"参数。在ACR中打开RAW图像时，色彩参数是自动设置好的。如果片子没有偏色是不用修改的。如果需要某种特殊色彩效果，我们会在另外的案例中讲述。

　　调整片子整体的影调和色调，还是要以直方图为依据。根据直方图的形状和片子的具体情况，提高或者降低某个参数，要做到心中有数。

精细调整颜色 13

在ACR中调整颜色，并不是RGB的色彩模式概念，而是Lab概念。如果您对基于软件内核算法的Lab模式不太熟悉也没有关系，ACR中调整颜色的方法更简单、直接，而且颜色调整的分项也更细致，为广大摄影人调整照片颜色提供了更便捷的方法。

准备图像

找到随书赠送资源中的13.CR2文件。

这个茶山樱花的景色很漂亮，但拍摄的时候，诸多情况不妙，加之参数设置不当，造成片子曝光存在很大的误差。

影调问题好处理，我们在这个案例中关注的是色彩的调整问题。

调整影调

打开图像文件，自动进入ACR，看参数可知使用的是200mm焦段，快门速度是1/250秒，以保证画面清晰度。拍摄的场景距离比较远，长焦镜头形成的空间压缩感，让画面景物很丰满。当时山谷中有明显的雾霭，侧逆光，长焦不敢降低速度，片子明显欠曝。从直方图可以看出，至少欠一挡半曝光。

在"基本"调整区中单击"自动"按钮，可以看到"曝光""对比度"和"白色"参数提高了，而"黑色"参数降低了。这样一来，直方图向两边拉开，已经达到了全色阶，影调大体正常了。

根据我对片子的理解，继续调整相关参数。提高了"对比度""清晰度"和"自然饱和度"，降低了"曝光"和"高光"。这样的调整让片子的影调更舒服了。

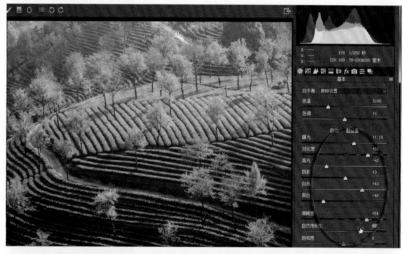

精细调整颜色

影调正常了，再来专门调整颜色。

在选项卡中选择"HSL/灰度"，进入色相/饱和度调整区。

可以看到这里有"饱和度""色相"和"明亮度"3个选项卡，每个选项卡中又包含了红、橙、黄、绿、青、蓝、紫、品8种颜色，这样的颜色种类比RGB模式下更丰富、更直观。

选中"饱和度"选项卡，先调整饱和度。

先将红色滑标一直向右移动到最右端，可以清楚地看到图像中哪些地方增加了红色的饱和度。

再将这个红色滑标向左移动到最左端，红色饱和度降到最低值。看到了图像中哪些地方的颜色变化了，哪些地方的红色没有了。

这样来回拉动颜色滑标，就可以看清这个图像中哪里是红色的了。改变红色的饱和度会影响到什么地方，就一目了然了。

用这样的方法分别调整红、橙、黄、绿、青、蓝、紫、品8种颜色的饱和度，或高或低，让各种颜色在画面中达到满意的效果。

颜色的饱和度参数值并非越高越好。一是初学者往往喜欢高饱和度，但色彩饱和度太高会损害图像质量；二是不同的照片需要合适的色彩饱和度，这与照片的内容有直接关系。

这里将所有色彩的饱和度参数值都大幅度提高了，可以看到上面的直方图已经被破坏了。暂且这样。

然后选中"色相"选项卡，进入色相调整区。

根据我们对片子中景物色彩的理解，将有的颜色值向左调整，有的颜色值向右调整。

色相是按照色轮关系排列的，每一种颜色可以偏向它的邻近色。例如，红色可以向左偏向品色，或者向右偏向橙色。但在ACR中只能偏向邻近色，不能调换到对比色，这与Photoshop中的RGB调色方法是不一样的。

再选中"明亮度"选项卡，进入明亮度调整区。

按照自己的理解，分别调整各种颜色的亮度，可以同时改变图像的反差，如提高红色、黄色的亮度，降低青色、蓝色的亮度，图像的反差就大了。

需要注意的是，提高颜色的亮度会影响其饱和度，也就是说颜色的亮度高了，颜色就不鲜艳了。而稍降低一点亮度，反而会感觉色彩饱和度高。

在图像的右下角反复单击面板复原图标，可以观看当前面板参数调整前后的效果对比。

我们再换一种方法来调整颜色。

先单击当前调整颜色状态下图像右下角的面板参数图标，将刚才调整颜色的所有参数复原。

在上面的工具栏中单击选中"目标调整"图标，在当前颜色调整区中单击选中"饱和度"选项卡。

现在想提高樱花树的色彩饱和度，但不知道应该动红色还是橙色参数值，不知道应该分别调整多大比例。

将光标放在图像中的樱花树上，按住鼠标向右移动，看到右边参数区中，鼠标所选中的颜色值滑标也相应地向右移动了。光标所在位置的颜色值应该动什么，它自动选中并按相应比例调整了。

我们可以在不同位置的樱花树上按住并移动鼠标提高它们的色彩饱和度，可以尝试将茶树的颜色值少提高一点饱和度。

单击选中"色相"选项卡，进入色相调整区。在樱花树位置按住鼠标向左移动，让樱花树的颜色偏暖一点，感觉樱花树颜色与茶树颜色差异越大，图像效果越舒服。

再单击选中"明亮度"选项卡，进入颜色的明亮度调整区。在樱花树位置按住鼠标向右移动一点，樱花树变亮了。在茶树位置按住鼠标向左移动一点，茶树变暗了。这样图像的樱花树更突出了，片子的反差更大了，阳光的效果更明显了。

微调影调

再回到"基本"调整区，对片子的整体影调做最后的精细调整。

看着直方图调整参数，直方图舒服了，片子的影调也就会舒服。

提高"对比度"和"清晰度"参数值，使画面场景变得通透，阳光更强烈。降低"曝光"和"高光"，让画面的亮调部分不刺眼，层次更细腻。

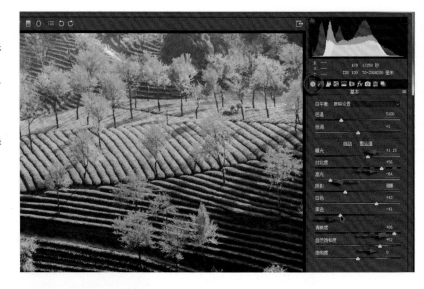

最终效果

这张片子的景色感动了很多朋友，他们惊诧我们身边也有这么美的地方，相约一定要去走一走，看一看。

这张片子主要是为了做教学案例的。能在一张片子里，找到8种颜色都有，每种颜色都能调整出饱和度、色相和明亮度的效果来，也真是万里挑一喽。

把这个方法运用到您自己的片子里，想调整什么颜色，想怎么调整某一种颜色，您现在就心中有数了吧。

　　李少白老师是当今中国摄影界的标志性人物。我有幸与少白老师行摄川藏线10天，最大的感受是他对摄影的执着追求与倾情投入。在我的印象中，似乎只要他的眼睛是睁着的，就在拍照。不论天气好坏，旅途劳累，还是高原缺氧，少白老师手里的相机快门总是不停地响着。

　　我们此行乘一辆宽敞的中巴，基本上每个人能有一个单独的位置。那天车行在路上，少白老师依旧举着相机对着车窗外拍摄。忽然，他发现自己座位另一侧的窗外有景物可拍，立刻转过身来，跪在车厢里对着外面拍摄。旁边的团友赶忙搀扶他要给他让座位，少白老师却只说了一句："来不及了。"同时他手里的相机还在连续快速拍摄。

　　我参加过很多这样的行摄之旅，也都习惯了上车睡觉，下车拍照的模式。这次行摄川藏线，真的是被少白老师的举动震撼到了，改变了过去习惯的摄影理念。我们问少白老师："路途颠簸，行车不停，这样的情况下如何保证拍摄的照片清晰？"他说："将ISO设置在6400，用提高感光度来提高快门速度。"我们说："高感光会产生噪点呀。"他说："是的，高感肯定会产生噪点。但是，对于一张照片来讲，内容永远大于质量。首先是要拍到，如果好的瞬间没有拍到，那什么都无从谈起。只要拍到了那个精彩的瞬间，照片的噪点就是第二位的了。"少白老师的这番话，改变了我们很多人过去认为风光摄影照片质量第一的观念。他说："我不认为拍风光一定要用ISO100，一定要上三脚架。很多摄影团都是带到拍摄位置，大家一起支架子，上机器，设参数，等光线，拍出来的画面千篇一律。这样拍出来的风光片没有意思，没有个人的特点，这是交作业，不是摄影创作。"

　　少白老师特别强调的一句话是，好风景在路上。他说："我们不是为了拍某个指定的景点才来行摄的。我们要用自己的眼睛去发现这一条线上更多的美，用自己的心灵去体会这一路上更深的情。所以，真正的好风景在路上！"

　　少白老师的言传身教让我们感悟颇多。当时我们的行摄团队中，他是最年长者，但他精力之旺盛，对摄影的专注程度，都是我们自叹不如的。听了少白老师的话，原本安静的车厢里顿时热闹起来，大家都精神起来了，欢声笑语伴随着各种相机的快门声不绝于耳，大家都开始学着沿路拍摄转瞬即逝的美景。为此，我们要时常关注车窗外的景物，保持专注度，同时锻炼提高了我们快速发现，快速捕捉的能力。回来看照片时，很多朋友都表示，路上所拍的照片中确实不乏好照片。

　　从此，在我们的摄影思路中，也树立了好风景在路上的理念。

多种效果作比较 14

在调整照片的时候，通常一开始并没有很肯定的效果方案，需要一边调一边看，实验尝试各种不同的影调和色调。一张照片尝试多种不同的效果，然后相互对比。或许各种效果各有味道，看来选去都不想放弃。那么，多种效果一起保存，这在使用ACR处理RAW照片时不仅必要，而且方便。

准备图像

打开随书赠送资源中的14.CR2文件。

春天的傍晚，柳依依，波淼淼，夕阳落去，微风轻拂。我特意等到一只游船，精心设置游船和宝塔的位置，抓到柳枝飘到闪开宝塔和游船的那一刻，小心安排画面，拍到这个瞬间已经不容易了。但是光线很暗淡，我想这张片子应该能调出一种调子来，具体应该是什么调子，我心里也没谱。

调整基本影调

在ACR中先单击"自动"试试看，片子的影调整体虽然正常了，但却已经丝毫没有傍晚的意境了。

因此，并非只要曝光正常就是好片子。

按照拍摄时的感觉先来调整傍晚的影调。

降低"曝光"和"对比度"，把"高光"放到最低。可以看到直方图的右侧缺失很多，于是适当提高了"白色"和"黑色"。然后提高了"清晰度"和"自然饱和度"参数。

片子影调的大关系似乎就这样了。但还是觉得天空太亮，没有黄昏的感觉。

在工具箱中选择"渐变滤镜工具"。因为要压暗天空，所以先在参数区单击"曝光-"，让各项参数归零。在图像的天空中从上到下顺着柳枝的方向拉出渐变线，这是因为天空的左边比右边亮。

在参数区将"曝光"和"对比度"降低，将"清晰度"和"饱和度"适当提高。天空的感觉好多了。

保持同样的参数不变，在水面部分从下向上拉出渐变线，将水面也适当压暗一些，如果觉得影调不满意，还可以适当调整各项参数。

天空和水面的影调压暗以后，图像开始有傍晚的气氛了。

感觉色彩灰蒙蒙的。

在调整选项卡中单击选中"HSL"图标，进入色相/饱和度调整面板。

将橙色和黄色参数的滑标向右多移动一些，提高图像中暖色的饱和度。再将蓝色参数稍微提高一点，为的是让远山的颜色好看。

当时的环境基本就是这样的。我还想继续尝试其他效果，但眼下的这个效果不能丢，万一不行，我还得再回到这一步。

在调整选项卡最右边单击"快照"图标，进入快照面板。

在右下角单击"创建新的快照"图标，弹出新建快照窗口，可以直接单击"确定"按钮退出。可以看到快照面板中产生了一个新的快照，这里面存储了当前图像调整的所有参数。

夕阳暖调效果

总觉得夕阳下的景色应该是一种暖调子。

在调整选项卡中单击"基本"图标，重新回到基本调整面板。

将"色温""色调"滑标都向右移动，增加黄色和品色，得到的是红色调，具体参数调整为多少，完全看自己的感觉，有人喜欢浓烈，有人喜欢浅淡。

设置了暖色调，再相应调整"曝光"等系列参数，让影调符合傍晚夕阳的效果。喜欢浓烈色调，就把"自然饱和度"参数再大胆提高一些无妨。

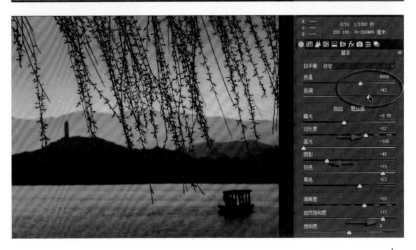

感觉这种浓烈的夕阳暖调子的效果挺好的，先保存下来。

在调整选项卡的右边单击"快照"图标，再次进入快照面板。

再次单击右下角的"创建新快照"图标，在弹出的窗口中，可以为当前的调整效果输入一个名字"暖调黄昏"，单击"确定"按钮退出。

可以看到快照面板中出现了新的名为"暖调黄昏"的快照。快照的排列是依照字母顺序排序的。

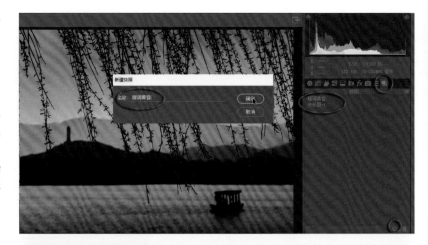

蓝调夜色

我突发奇想，是不是可以尝试一种冷调子的夜晚效果呢。

在调整选项卡中单击"基本"图标，回到基本调整面板。

将"色温"和"色调"滑标都向左移动，加蓝色，减品色，果然蓝调子的效果开始显现。

再仔细调整"曝光"等各项参数。既然是夜晚效果，就要降低"对比度"和"阴影"参数。而且把"清晰度"也降下来，这才符合夜晚的情况。

天空的影调也应该重新调整。在上面的工具栏中单击"渐变滤镜工具"图标，会出现刚才建立的两个渐变滤镜标记，单击激活天空渐变滤镜标记。按照夜晚的影调进一步压暗天空，降低"曝光""阴影""白色"参数，但为了保留天边那一层亮色，又提高了"高光"参数。

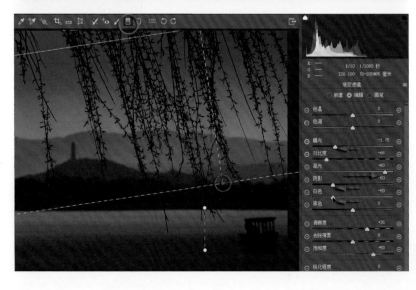

水面也想再暗一点。单击激活水面渐变滤镜标记，干脆把水面渐变滤镜的起点向上移动一些，这样大部分水面在这个渐变滤镜的作用下更暗了。

又觉得夕阳落去的天边那一抹亮色中如果有一些暖红色效果是不是会更好。

在调整选项卡中单击"分离色调"图标，需要加暖色的是这个图像中的亮调部分。于是将"高光"组的"饱和度"参数大幅度提高，再将色相滑标稍向右移动一点点，增加的是橙色。再将"平衡"滑标向左移动到合适位置，让增加的暖色只作用于天边的高光部分。

现在看到天边那一抹暖色出来了。

对这个效果基本满意了，先保存下来。在调整选项卡的最右边单击"快照"图标，进入快照面板。

再次单击右下角的"创建新快照"图标。在弹出的窗口中，为当前的调整效果输入一个名字"蓝调夜色"，单击"确定"按钮退出。

可以看到快照面板中出现了新的名为"蓝调夜色"的快照。

尝试其他效果

再次回到基本调整面板。

将"色温""色调"滑标都大幅度向左移动，在图像中增加蓝色和绿色。

将"曝光"参数大幅度增加，将"清晰度""自然饱和度"参数大幅度向左移动，甚至将"饱和度"参数也适当降低。现在图像看起来有了一种江南春雨的感觉。要的就是这个味道。

在参数区选项卡中单击选中"分离色调"图标，进入分离色调面板。

刚才在这里为夕阳的亮调部分增加了暖色，现在不需要了。

在窗口右下角单击当前面板参数显示开关的图标，将当前面板中的所有设置关闭。

希望这个画面再亮一些，再朦胧一些。

在调整选项卡中单击"曲线"图标，进入曲线调整面板。

将"亮调"滑标向右移动，提高亮度。但直方图右边又"爬墙"了，于是将"高光"滑标向左适当移动。

再将曲线图下面中间的滑标向左移动，为的是让曲线作用的高光空间得以扩大。

这个效果感觉也不错。

再次在调整选项卡的最右边单击"快照"图标，进入快照面板。

单击右下角的"创建快照"图标，在弹出的面板中填写新的名称"春雨朦胧"，单击"确定"按钮退出。

在快照面板中可以看到存储的4个不同效果的快照名称。

如果在右下角单击"完成"按钮退出ACR，则这4个调整效果就都存储在同名的xmp数据文件中了。下次打开这个RAW文件时，可以在快照面板中单击各个快照名称，查看各种不同的片子效果。

合成月亮效果

这个案例进行到这一步，应该是完成了。这里借着刚才做的夜色效果，讲一个合成月亮的做法。

在快照面板中选中"蓝调夜色"名称，打开蓝调夜色图像。在面板右下角单击"打开图像"按钮，将蓝调夜色图像导入Photoshop。

打开随书赠送资源中的月亮.jpg图像文件，这是另外拍摄的一个月牙的片子。

按Ctrl+A组合键全选图像，按Ctrl+C组合键复制选区内的图像。然后按Ctrl+W组合键关闭当前月亮图像，因为这个素材图没用了。

回到刚刚从ACR导入的蓝调夜色图像。按Ctrl+V组合键，将刚刚复制的月亮素材图像粘贴进来。

在图层面板上可以看到两个图层。一个是蓝调夜色的背景层，一个是刚粘贴的月亮层。

按Ctrl+T组合键，进入自由变换模式。在变形框里面按住鼠标，将月亮移动到合适的位置。

按住Shift键，拉动变形框的角点可以改变月亮的大小。将光标放在变形框外面，光标会变成旋转图标，可以按住鼠标旋转变形框，将月亮旋转到合适的角度。按回车键完成月亮的定位。

在工具箱中选择"魔棒工具"，在月亮素材的蓝天上单击，选中图像中所有的蓝天。

按Ctrl+Shift+I组合键，将选区反选。因为我们要将月亮周围的蓝天遮挡掉。

在图层面板的最下面单击"创建图层蒙版"图标，可以看到当前图层出现了一个新的蒙版，在蒙版的作用下，只保留了月亮，蓝天被遮挡了。

月亮现在还在柳枝的前面，这样不行。在图层面板最上面打开图层混合模式下拉框，设置为"颜色减淡"模式，并且将当前层的不透明度参数适当降低。现在可以看到月亮到柳枝后面去了。

看到这个效果，想到那句古诗：月上柳梢头，人约黄昏后。

最终效果

　　在这个案例中，我们尝试调整了4种不同的影调色调效果，并且将它们保存在快照中。以后想要什么效果时可以随时导出。如果还想尝试更多的效果，可以继续做，继续存。

　　这样的快照非常方便，但这种方式只在ACR中有，而在Photoshop中的快照是不能这样直接存储的。

　　经过这样的调整，我们不仅得到了想要的效果，而且能进一步进行合成。甚至可以用我们处理的4种不同影调色调的图做合成，能够做出更加神奇的、千变万化的效果来。您不妨自己试试看。

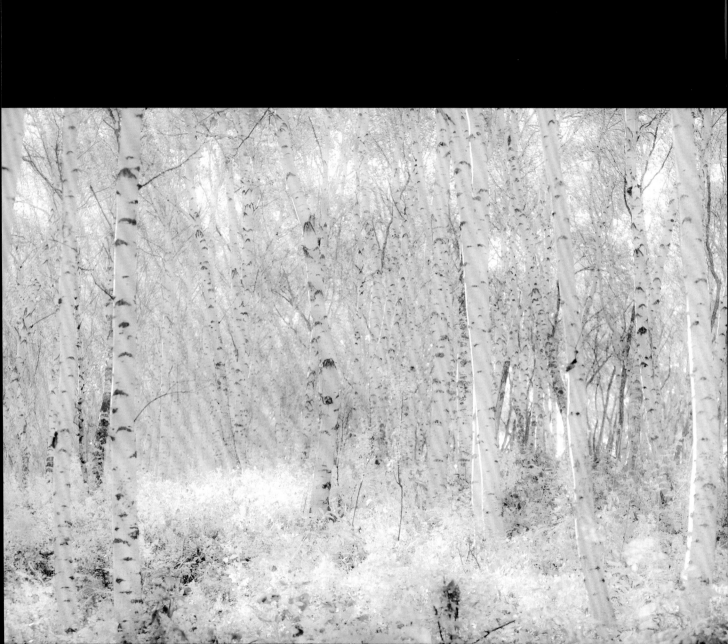

妙用清晰度 15

在Photoshop的ACR中，有一个清晰度调整命令，很多朋友没有注意过它。这个命令的作用与锐化算法不同，效果也不同。使用清晰度命令，不仅可以让片子中的场景变得通透，还可以让场景产生一种朦胧、梦幻的效果。关键是用在合适的片子中。

准备图像

打开随书赠送资源中的15.jpg文件。

白桦林是文学家、画家、摄影家所喜爱的表现对象。我走在白桦林中，憧憬着那诗情画意的感觉。但是拍出来的片子却完全没有那种心中的味道，是时间光线不好？是取景构图不好？还是拍摄技术不好？

从这张片子的直方图看，曝光没有任何问题，影调完整，色阶到位，层次不丢。那这样的片子还要做后期吗？

摄影不仅是看拍到了什么，更重要的是看这张片子要表现什么。我拍这张片子是希望表现白桦林那种温馨甜美的环境氛围。现在这张片子没有达到我想要的氛围，我需要经过后期处理，把我心里想要表现的情感表现出来。

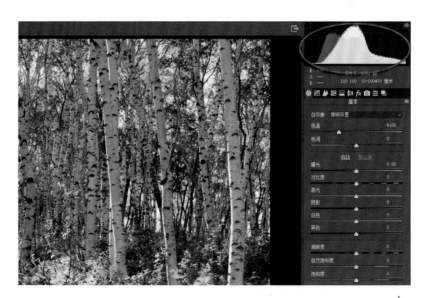

调整影调

如果直接单击"自动",可以看到图像变化不大。直方图更加向两边拉开,曝光等6项参数忽左忽右,调整的幅度都不大。说明了这张原片曝光没有问题,没什么可调整的。

在参数区右上角单击菜单图标,在弹出的菜单中选中"复位Camera RAW默认值"命令,或者按住Alt键,在右下角单击"复位"按钮,图像恢复初始状态。

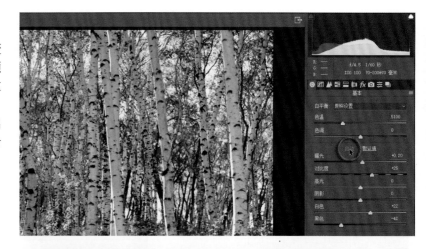

我们按照自己想要的影调进行调整,那应该是一种明亮的影调。

先将"曝光"参数滑标向右移动,让图像亮起来。看到直方图的波峰向右移动了,但是右边不仅"撞墙",而且"爬墙"很多。所以,将"白色"参数滑标向左移动,直到白色参数值降到最低,直方图右边不再"爬墙"为止。

我就是希望白桦林是那种明亮的影调。所以继续大幅度提高了"高光"和"阴影"的参数,降低了"对比度"的参数。这样做,图像看起来亮多了。看到直方图左边缺失较多,片子中没有最暗的地方,感觉压不住,于是将"黑色"参数适当降低。

直方图两端到位了,但感觉亮调部分还是不够。直方图我标识箭头所指的地方偏低。直接提高"高光"或者"白色"都不行。

在选项面板中单击"曲线"图标，进入曲线面板。

将"亮调"参数滑标向右移动，提高了高光部分的亮度。看到直方图上高光部分抬起来了，但右边又开始"爬墙"了。将"高光"参数滑标稍向左移动，直方图的最右边好多了。

注意，基本面板中的"高光"与曲线面板中的"高光"所处理的影调不是相符的。

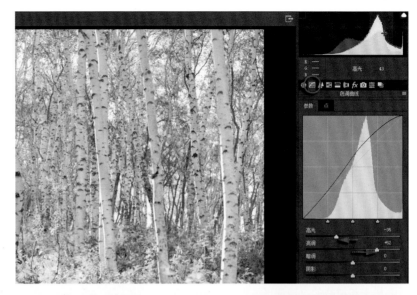

再次回到基本调整面板。

将"清晰度"参数滑标大幅度向左移动，降低清晰度参数值。

哇！我们想象的那种白桦林的温馨感觉出来了！

一般来讲，清晰度参数都是向右提高的，但是这里我们反其道而为之，降低清晰度，得到了一种朦胧的效果。

再将"自然饱和度"参数值适当提高。

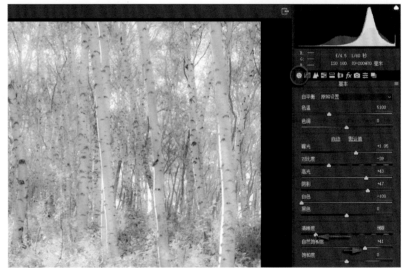

提高清晰度

降低清晰度参数，图像会模糊吗？在左上角的工具栏中双击放大镜工具，或者在左下角显示比例中直接输入100%，将图像放大到100%，可以看到图像降低了清晰度后并没有变模糊。也就是说清晰度的高低，并不是图像模糊程度的高低。实际上，清晰度参数是软件按照图像中明暗边缘所做的智能运算。

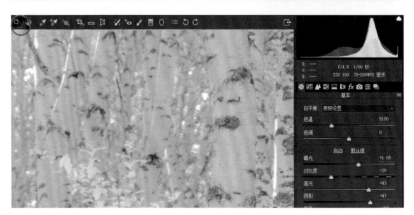

想要对图像提高我们传统概念的清晰度是锐化图像。

在参数区的上面单击选中"细节"图标，进入细节调整面板。

上面一组参数是用来做锐化图像的，下面一组参数是用来做降噪的。

对图像做锐化或者降噪，通常要将图像的显示比例放大到100%。

将锐化参数组的"数量"参数向右移动到最高值。可以看到图像被锐化后确实显得清晰了，树干和树枝的纹理都更清晰了。但是同时可以看到，在树叶和树干原本应该平滑的地方开始出现噪点。

锐化与降噪是矛盾的，二者很难完美。

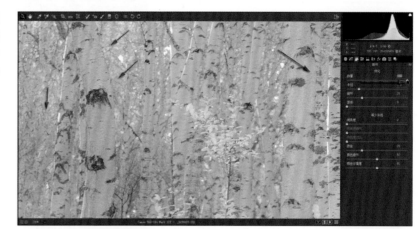

不能对全图都做锐化，应该是只锐化物体的边缘。

锐化组中的"蒙版"参数就是用来做这个的。

按住Alt键，用鼠标向右拖动"蒙版"滑标。可以看到，图像中开始是全白色，随着鼠标向右移动，图像中逐渐出现黑色。根据蒙版规则，白色是锐化区域，而黑色则是不锐化区域。因此，要选择一个合适的参数值，让图像中的黑白色区域尽可能符合所需的物体形态。

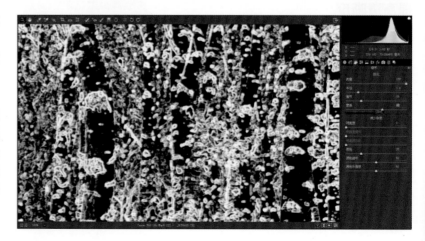

松开Alt键，看到在蒙版的作用下，只有白色区域被锐化处理了，而黑色区域是不做锐化的。黑色区域通常就是影调色彩相对平缓的区域，因此，物体的边缘被锐化了，而树叶和树干没有被锐化。

将"数量"参数滑标移动到合适位置，太高了不行，太低了无效。

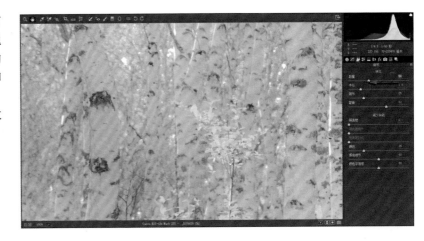

进一步调整影调

再次回到基本面板。

将"对比度"参数滑标向右移动，提高对比度感觉也很不错，白桦树的树干纹理显得更生动了。

感觉直方图的最右边又"爬墙"了。再次进入曲线面板，将"高光"参数滑标向左移动，降低高光后，直方图右边基本正常了。

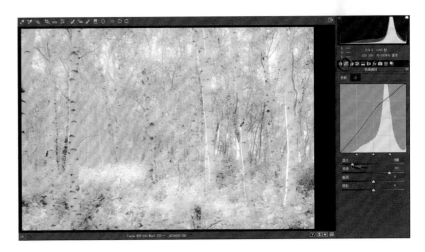

尝试调整色调

片子调整可以算是完成了，但还想继续尝试一下其他效果。

将色彩的自然饱和度参数滑标向左移动，降低色彩饱和度，图像有了一种弱饱和的色彩效果，近乎黑白片，似乎也有另一番味道。

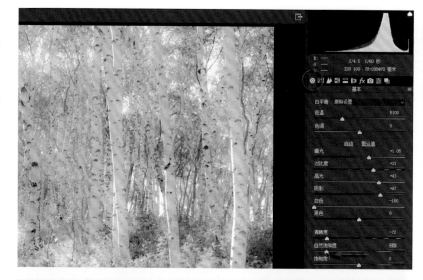

在参数区选项卡中单击选中HSL图标，进入色相/饱和度面板。

选中"饱和度"面板，将橙色和黄色的参数值提到最高，其他颜色值不动。

现在感觉图像有一种绘画效果，似乎是一种艺术手法的创作。

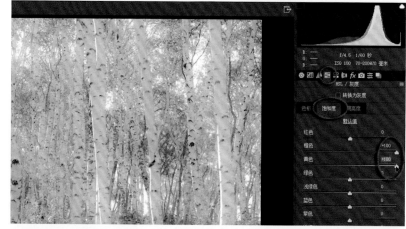

回到基本调整面板，对参数区的"色温"与"色调"分别进行调整。将"色温"滑标向右侧黄色移动一点，将"色调"滑标大幅度向左移动到绿色。出现一种很宁静的夏日感觉。

如果将"色调"滑标大幅度向右移动到品色呢，好像一种浓烈的秋林景色。

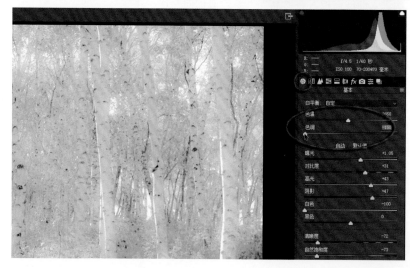

最终效果

　　如果将调整出来的不同效果都导入Photoshop中，再进行组合叠加，还不一定能得到什么神奇的效果呢。

　　经过这样的调整，原本无味的白桦林充满了一种温馨、柔美、朦胧、浪漫的气氛。这其中的关键就是清晰度命令。

　　在很多风光照片中，恰到好处地使用清晰度命令，都可以得到这种梦幻的感觉，可能是憧憬，也可能是怀旧。

　　风光摄影不能等同于纪实摄影。我们要在风光照片的后期处理中，把摄影者对这一场景的理解表现出来，把摄影者内心的感情表达出来。

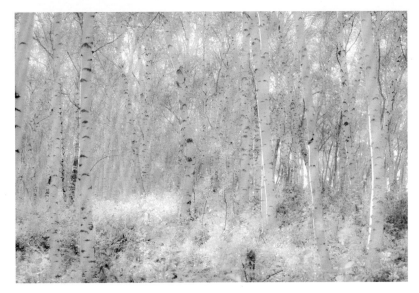

精确去除紫边 16

在拍摄大光比、高反差的风光片时，在景物强烈明暗对比的边缘，往往会出现紫边。这种紫边现象是数码相机特有的职业病，是因数码相机的硬件和软件特性而产生的。消除紫边一方面有待于数码相机性能的改进，另一方面可以在软件中做后期处理。精确去除紫边的操作，在Photoshop中很费力，而在ACR中却很简单。

准备图像

打开随书赠送资源中的16.CR2文件，自动进入ACR。

在长城上拍夕阳，很多人都在外面拍。我独自钻到长城的敌楼里来拍，选择了这样一处敌楼的角落，从两个残损的洞窗看过去，夕阳衔山，余晖柔暖，更显沧桑。

光比反差太大了，外面太亮，敌楼内太暗。我按照外面亮调的天空测光拍摄了这张片子。

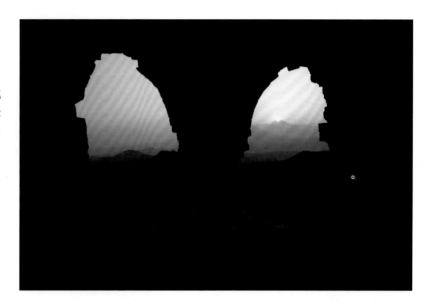

在最上面的工具栏中双击放大镜图标，图像以100%比例显示。

在工具栏中选中抓手图标。在图像中移动到长城门洞位置，可以看到大光比的景物边缘确实有紫边现象。物体的边缘有清晰的品色，在紫边的对面还能看到少量的绿边。

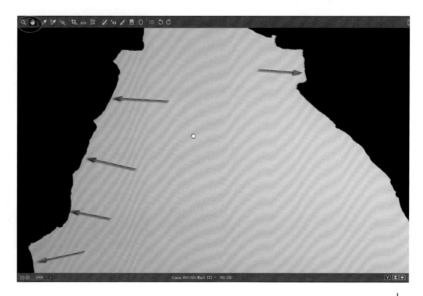

调整基本影调色调

双击抓手图标，图像以最佳显示比例完整地显示在桌面上。

先来调片子的基本影调。在当前的基本调整状态中，在右边的参数区中单击"自动"选项，先自动调整影调。

看到各项参数做了适当的调整，画面暗调部分有所提亮了，但感觉片子的影调还是灰。

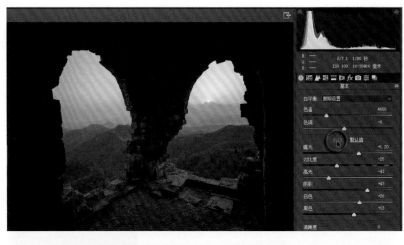

在参数区中先将"清晰度"和"自然饱和度"参数滑标大幅度向右移动，提高这两个参数值，可以看到图像的反差改善了，色彩好多了。

适当调整"曝光"等各项参数值。

稍微降低了一点"曝光"值，提高了"对比度"值。降低了"高光"和"白色"值，以使直方图的最右边不"爬墙"，确保高光不溢出。提高了"阴影"值，为的是丰富敌楼内部暗调的细节层次。

在参数调整选项栏中单击选中HSL图标，进入色相/饱和度调整面板。

默认是饱和度调整项。

提高橙色和黄色参数值，使夕阳的色彩更强烈。提高淡蓝色和蓝色参数值，让远山更鲜亮。橙色与蓝色是对比色，提高对比色的饱和度，片子的颜色显得更艳丽。

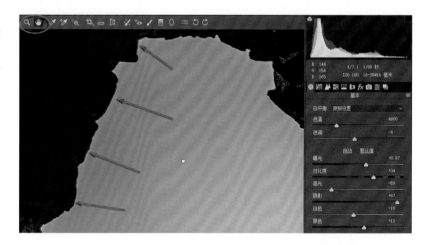

去除紫边

在上面的工具栏中双击放大镜图标，图像以100%比例显示。在工具栏中选中抓手图标。在图像中移动到长城门洞位置，可以看到紫边现象更明显了。

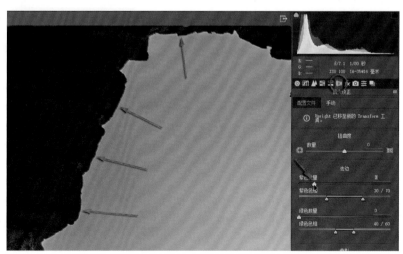

在调整选项栏中选中"镜头校正"图标，进入镜头校正参数区。

将"去边"选项组的"紫色数量"参数滑标向右适当移动，果然看到图像中的紫边消失了。

用抓手工具按住图像向左移动，看到长城的另一个门洞边缘还有紫边。

这时不能再将"紫色数量"滑标向右移动了，原因一会儿就知道了。

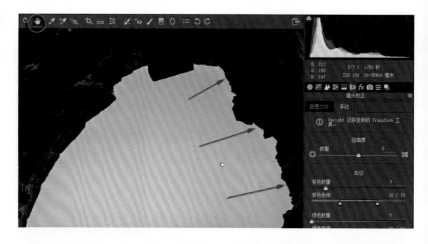

用鼠标按住"紫色色相"条向右移动，也就是说，这个地方的紫边是靠近图像中偏暖的橙色位置的。可以看到这个地方的紫边已经基本消失了。

色相条可以设定要去除紫边的色相宽度。移动色相条的滑标，适当调整色相条的宽度，让这个色彩宽容度之内的紫边都能够去除。

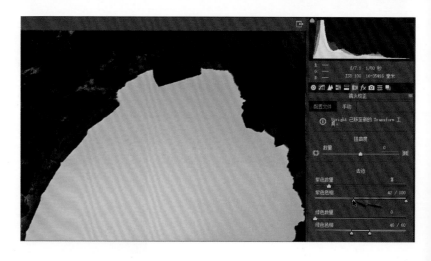

"紫色数量"的参数值并非越高越好。将"紫色数量"的滑标移动到最右边，用"抓手工具"移动图像，可以看到，在冷暖色交界的地方，出现了难看的边线。因此，"紫色数量"和"紫色色相"的参数要根据片子出现紫边的实际情况而小心设置，以刚好去除紫边为宜。

将"紫色数量"参数滑标设置到合适位置。

仔细检查，图像中是否还有与紫边对应的绿边现象。

用同样的方法设置合适的"绿色数量"参数，并且根据片子的实际情况，合理设置"绿色数量"参数色相条，将图像中的绿边也都去除了。

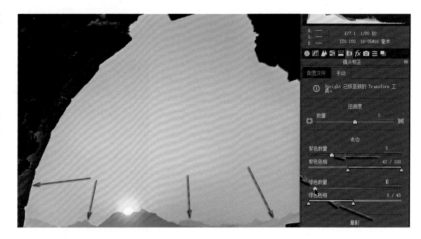

降噪

原片影调很暗，提高暗部影调的亮度后，可以看到产生了明显的噪点。尤其是将片子放大到100%显示时，噪点显得令人难受。

在调整选项栏中单击"细节"图标，进入锐化、降噪面板。

在"减少杂色"参数组中将"明亮度"参数设置为30左右。看到噪点明显减少了。

精细调整

在工具箱中双击抓手图标，图像将恢复全图显示。

在调整选项栏中单击"基本"图标，回到基本调整面板。

观察全图，对当前的影调和色彩效果做最后的细微调整，注意亮调和暗调的细节层次以及直方图两端的位置。

效果满意了，可以单击右下角的"完成"按钮退出。或者单击左下角的"存储图像"按钮，设置所需的存储格式。或者按右下角的"打开图像"按钮，将当前图像导入Photoshop，继续做所需的其他处理。

最终效果

调整后的图像，亮调和暗调部分都保留了很丰富的细节，夕阳照耀下的长城很有沧桑感，浓烈的色彩渲染着拍摄者和观赏者共同的情绪。

紫边现象是数码相机特有的，过去使用的传统胶片相机没有这个烦恼。紫边现象都产生在大光比高反差的场景中。如果片子需要放大，而且追求图像制作的高质量，就要将片子放大到100%显示比例，仔细检查高反差的物体边缘紫边的情况。对于去除紫边的操作，会者不难，难者不会，这在ACR中很好办。

当我们对一张看似一般的照片，进行认真的后期处理，使其成为一张精美的风光大片的时候，大家都惊叹后期处理的神奇。慨叹之后，有的朋友认为大片都得靠后期做出来，也有的朋友反对，认为前期能拍摄出好的照片才是真本事。

风光大片到底是拍出来的还是做出来的？

我认为还是亚当斯说得好，前期拍摄是谱曲，后期暗房是演奏。

亚当斯用音乐比喻摄影非常贴切。优美动人的乐曲一定要由水平高超的乐手演奏出来，二者缺一不可。只有好的曲子而没有好的乐手，我们难以领略乐曲的悦耳动人。然而，只有好的乐手没有好的曲子，乐手也无所作为。所以，亚当斯认为前期拍摄与后期制作相辅相成，不可偏废一边。

当我们举起相机时，面对眼前的景物，必须非常认真地进行拍摄，不仅是各项参数马虎不得，更重要的是考虑如何将画面拍摄得精美。然而，自然景物难以达到我们所希望的完美，影调和色调都会有很多不如意。并不是说，只要前期拍摄曝光准确，就不用进行后期处理了。我们所进行的后期处理绝不是对前期拍摄失误的补救，后期处理应该是对照片的艺术升华。在后期处理中，要对画面的主体与陪体影调关系、色调情绪、高光和阴影的细节层次等进行精细的调整。尤其是画面中蕴含的情感，特别需要通过后期处理更鲜明、强烈地显现出来。通过正确的后期处理，我们拍摄的照片能充分地表现被摄的景物、表达我们的情感，再把这种浓浓的情感传达给所有的观者，让更多的朋友感同身受，享受美好。

我们不能简单地分配前期拍摄与后期处理所占的比例，不能说谁比谁更重要，二者相辅相成，同样重要。摄影必须包括认真的前期拍摄和精细的后期处理，这才是一个完整的摄影过程。尤其在摄影进入数码时代，后期处理技术完全放开了，每一个摄影者都应该掌握相应的后期处理技术。懂得后期处理不是为了补救前期拍摄，而是为了在前期拍摄时主动为后期处理留出足够的空间。"向右曝光"就是典型的前期拍摄与后期处理紧密结合的具体体现。

在胶片时代，前期拍摄与后期处理基本是分开的，举相机按快门的才叫摄影师，而钻暗房做照片的不叫摄影师。随着时代发展，摄影进入数码时代，前期拍摄与后期处理不再分家，全由摄影者自己来做。这样的最大好处是摄影者能够按照自己的想法处理照片。自己拍的照片自己进行后期处理，能够尽可能充分表现摄影者的想法、要求和情感。

因此，作为一个合格的摄影者，既要好好拍照片，又要好好处理照片，自己把握自己作品的命运。真正的风光大片，应该从前期拍摄开始，到后期处理结束。

用渐变滤镜做拉帘 17

在ACR中，渐变滤镜工具主要用来处理天空和地面的影调，让原本比较平淡的天空和地面产生影调明暗渐变的变化。这样做一是可以方便地解决风光摄影中天地高反差的问题，二是可以让天空和地面的影调不再平淡。在天空和地面中使用渐变滤镜，我们俗称"拉帘"，操作简单，效果明显，非常好用。

扫码看视频（上）　扫码看视频（下）

准备图像

打开随书赠送资源中的17.CR2文件。

在长城上看到云海是十分令人兴奋的，赶紧拍摄。因为刚刚下完雨，天不晴，已近黄昏，落日黄云，所以天空很亮，地面很暗，反差很大。这种天地高反差的情况是风光摄影中常见的，前期拍摄不要过曝太多，后期是可以调出来的。

基本影调

在ACR中先单击"自动"，可以看到照片的影调整体正常了。

从直方图上可以看到两个明显的高峰，亮调部分是天空，暗调部分是地面。

用渐变滤镜处理天空

在上面的工具栏中选中"渐变滤镜工具"。

在右边的参数区中设置使用这个工具的各项参数。使用这个工具时初始状态的各项参数不能都为0（至少要有一项参数不为0）。否则会出现错误提示。

现在要做压暗天空的操作。在参数区单击"曝光"参数左边的减号图标，将参数预设为"曝光－"。每单击一次减号图标就减少半挡曝光。

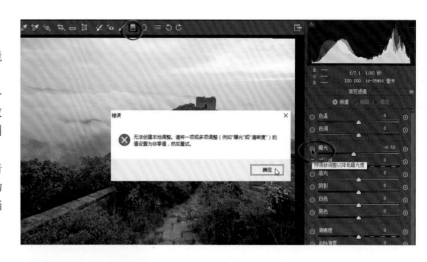

用鼠标在图像的天空部分从上到下拉出渐变线。

可以看到红绿两个点。两个点之间是一条虚线，表示渐变的范围。

渐变滤镜的用法类似于Photoshop中的渐变工具，渐变线的长短就是渐变范围的宽窄。

先拉出渐变线，再来调整各项参数，可以直观地看到调整的效果变化。

分别将"曝光""对比度"和"高光"参数的滑标向左移动，降低参数值，可以看到天空的上半部分暗下来了。再将"清晰度"和"饱和度"参数滑标向右移动，可以看到天空的上半部分通透了，色彩浓了。

渐变就是从有到无。渐变滤镜设置的所有参数都是对绿点起作用，逐渐向红点方向过渡逐渐减弱，到红点时所有参数为0。

渐变滤镜是可以随意调整的。用鼠标按住渐变滤镜的虚线标识就可以将这个滤镜移动到新的位置。

记住，绿点之外，所有设置的参数都起作用。红点之外，所有设置的参数都为0。

用鼠标移动绿点或者红点，改变红点与绿点之间的距离，可以改变渐变滤镜的渐变作用范围。两点距离越近，渐变效果越强烈，两点距离越远，渐变效果越舒缓。

将光标放在绿色虚线或者红色虚线上，光标变成旋转箭头图标。按住鼠标可以旋转渐变滤镜的方向。

修改蒙版

勾选右边参数区最下边的"蒙版"选项，可以观察蒙版，有蒙版的地方就是设置的参数起作用的地方。

蒙版以半透明的颜色显示。可以在蒙版选项旁边单击"色标"，打开拾色器，设置一个与天空颜色差别很大的颜色，这样便于观察蒙版。

现在看到压暗天空的渐变滤镜从上向下起作用。但是中间的山头和长城敌楼也被这个渐变滤镜压暗了，我们要将这个局部的蒙版去掉。

在参数区的上边单击选中"画笔"选项，然后单击带减号的画笔图标。设置所需的笔刷直径，设置中等的羽化值，还要将"自动蒙版"选项勾选。

用画笔在山头和敌楼处细心涂抹，将山头和敌楼的蒙版涂抹掉。注意，画笔的圆心不要涂到天空里面去。在"自动蒙版"的作用下，涂抹山头和敌楼很轻松就做好了。

在参数区的上边单击"编辑"选项，就退出了蒙版修改状态，回到渐变滤镜编辑状态。

可以继续修改各项参数。如果拉动渐变滤镜的红色点，改变渐变滤镜的宽窄范围，可以看到蒙版涂抹的区域是不会变的。

感觉天空的顶部还可以再压暗一点。在右边参数区的上边单击"新建"选项。

用鼠标在图像中从上到图像中间拉出渐变线。参数区中使用前一个工具时设置的参数继续对这个新的渐变滤镜起作用。

根据情况适当调整各项参数。

提高"曝光"和"阴影"的参数，让天空的影调别太重了。

为了强调晚霞的暖色，将"色温"和"色调"参数滑标稍微向黄色和品色移动了一点。

用渐变滤镜处理地面

再来处理地面。

要先将地面中间部分适当提亮，再将最下面适当压暗。所有的参数都与天空完全不同，因此要将参数都归零。

先提亮地面，在参数区的"曝光"选项右边单击"曝光+"，除这一项参数外各项参数都归零了。

用鼠标从画面最下边开始向上拉出渐变线。

然后调整各项参数。因为地面是近景，应该更清晰，所以较高地设置了"清晰度"和"饱和度"参数值。感觉地面太亮，又稍微降低了"白色"参数值。

修改蒙版

再次勾选参数区最下面的"蒙版"选项，可以看到半透明的蒙版颜色了。

在参数区最上面单击"画笔"选项，仍然是减号画笔，仍然是"自动蒙版"。画笔直径和羽化值不改。用画笔在山头后面的云彩中涂抹，将天空的蒙版都涂抹掉，因为当前这个渐变滤镜是作用于地面的。

山头和敌楼也应该在这个渐变滤镜作用中，但这个地方渐变滤镜的作用已经很弱了，需要添加。

在参数区的上边单击选中加号画笔。用加号画笔将山头和敌楼都涂抹到。看到蒙版颜色显示了，这些地方都添加到当前的渐变滤镜作用区域中了。

在参数区的最下边去掉"蒙版"选项前的勾。

调整各项参数，提高"高光"参数，降低"白色"参数，使这一区域变亮但不过曝。

为了让地面也增加一点暖色调，稍微将"色温"和"色调"参数滑标向右移动了一点。

近景的地面应该压暗一点，有利于突出中间的山头和敌楼。

需要用一个新的渐变滤镜处理近景地面。在参数区上边单击"新建"选项，单击"曝光 -"，让各项参数都归零。

用鼠标在图像中从地面到中间顺着长城的方向拉出渐变线。

在参数区调整各项所需的参数。降低了"对比度""高光"和"白色"参数，稍提高了"清晰度"和"饱和度"。

地面部分的最下边被压暗了，这样就把观者的视线引导到敌楼那里了。

整体调整

用4个渐变滤镜处理了天空和地面。想看一看这4个滤镜的作用效果，可以在画面右下角单击"当前面板设置"图标，将当前所有渐变滤镜都关闭，看到没有这4个渐变滤镜的图像了。反复单击"当前面板设置"图标，可以方便地对比使用渐变滤镜前后的差异。

把光标放在某个渐变滤镜的圆点上，稍等片刻，可以看到这个滤镜的蒙版显示，了解这个滤镜作用的区域。

想重新编辑哪个渐变滤镜，就用鼠标单击哪个滤镜的圆点图标，激活滤镜，然后就可以在参数区重新修改各项参数了。

不想要哪个滤镜，就单击哪个滤镜的圆点图标，激活滤镜，然后按Delete键，就将其删除了。

在上面的工具栏中单击"目标调整"工具图标，回到基本调整面板。

可以进一步细调各项参数。将"清晰度"和"自然饱和度"参数滑标向右移动，提高了清晰度和饱和度。又将"曝光"参数值适当提高，现在感觉片子更亮堂了。

在画面最下边单击第一个"画面效果"对比图标，可以使用多种方式对比这张图的原图与调整后的效果。

如果还想调整刚才的渐变滤镜，可以在工具栏中再次单击"渐变滤镜"图标，重新进入渐变滤镜状态，继续进行调整。

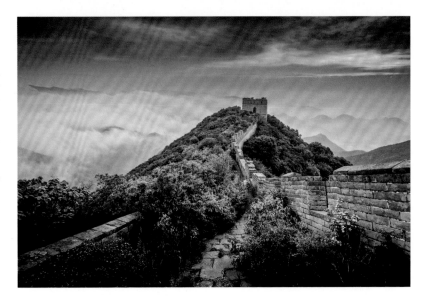

最终效果

调整后的图像，天空与地面的高反差得到很好的改善，天空和地面的层次都有很好的表现，主体与陪体的影调关系舒服多了。

通过这个案例，我们学习掌握了渐变滤镜的用法。这对于我们处理风光照片的天地影调和色调非常有用。渐变滤镜的蒙版操作比Photoshop中蒙版的操作要简单得多，使用蒙版是为了让渐变滤镜准确做好局部调整控制。

熟练合理地用好渐变滤镜，在以后处理风光照片天地效果的时候，就轻松多了。

用径向滤镜做套圈 18

径向滤镜可以建立一个正圆形或者椭圆形的调整区域，可以在这个区域内调整照片的影调和色调。这个椭圆形的区域的作用是从中心向外边缘逐渐减弱，区域范围可以随意扩大、缩小、添加、去除。径向滤镜的效果就像局域光一样，而这种对画面局部的控制调整比局域光要方便、精确得多，我们称之为在图像上"套圈"。实际上，使用径向滤镜的目的就是对照片做局部调整。

准备图像

长城上有千百个敌楼，绝大部分是方形、长方形的，只有屈指可数的几个敌楼是圆形的。

翻山越岭，专门去看这个圆形敌楼，虽然已经严重残损，但仍然能够体会到它当年的威武。

满天的行云与对面的山头都很有气势，脚下的长城一直延伸到山顶，这些都很好地营造了圆楼的氛围。而拍这张片子绝不是仅仅满足于记录和证明。

调整基本影调

在Photoshop中打开随书附送资源中的18.CR2图像文件，自动进入ACR。

先单击基本调整区中的"自动"，可以看到图像做了影调的基本调整，各项参数有了改变，片子的影调感觉亮了一些。

看上面的直方图，这又是一个天地高反差的片子，直方图的峰值是典型的两个波峰。

根据自己的理解和需要继续调整各项参数。

将"高光"和"对比度"大幅度降低，适当降低"曝光"值。直方图的两个峰值大体消平了，天地高反差的现象得到缓解。另一方面，让片子整体影调适当暗一点，是为了后面对局部进行提亮，让片子的主体圆楼亮起来更突出。

然后将"清晰度"和"自然饱和度"参数值适当提高，画面显得通透了。

现在感觉画面中要表现的圆楼在构图上很突出，但影调比较乱。希望通过局部调整，让画面中各部分元素协调起来。

用径向滤镜处理局部影调

在最上面的工具栏中单击选中"径向滤镜"。

在右边参数区中先单击"曝光+"将曝光参数加半挡，其他参数归零。在参数区的最下面单击"内部"选项，表示要处理径向区域内的图像。

用鼠标在要提亮的圆楼处拉出径向圆圈范围，如同为其套上一个圈。

建立径向圆圈区域后，调整各项参数。这些参数与"基本"调整的参数大体相同。

提高"曝光""清晰度"和"饱和度"参数值，径向区域内的图像明显提亮了。适当降低一点"高光"和"白色"参数值，为的是让圆楼的光线感觉柔和一些，更符合夕阳的气氛。

径向滤镜处理产生的局部光线效果感觉很自然。

远方的山头也希望稍提亮一点。在参数区单击"新建"选项，再单击"曝光+"图标，让曝光加半挡，其他参数都归零。做好建立第2个径向滤镜的准备。

以山头为中心，用鼠标拉出径向区域，再套一个圈。

在参数区中稍微提高了"曝光"和"对比度"参数值。山头是提亮了，但山头上面的天空也跟着提亮了，这不行。

在参数区的上边单击选中"画笔"选项，可以为当前的径向区域添加或者减少作用的区域。

选中"画笔 - "，选中"自动蒙版"，在参数区的最下面单击选中"蒙版"选项，打开蒙版，可以看到当前径向滤镜作用的区域范围。蒙版的颜色可以随意设置。

确认"自动蒙版"已经选中。设置好合适的笔刷直径，用"画笔 - "在山头外面的天空中涂抹，将当前径向滤镜区域中的天空部分的蒙版涂抹掉。

在参数区的最下面单击"蒙版"选项前的勾关闭蒙版。看到当前径向滤镜只作用于山头的效果。

可以继续调整各项参数，也可以适当提高"饱和度"参数值，但山头的亮度不要超过圆楼主体。

再来处理天边的晚霞的暖色调。

在参数区的最上面单击"新建"，直接就在图像中天边的位置拉出径向滤镜区域，可以拉到图像的外面去，建立一个很大的径向滤镜区域。

在参数区的最下面单击选中"蒙版"选项，看到当前径向滤镜作用的区域。

这个径向滤镜是专门用来处理天边色调的。在参数区的最上面单击选中"画笔"，选中"画笔 - "，设置合适的笔刷直径和中等的硬度参数，选中"自动蒙版"。用"画笔 - "在径向滤镜区域中的山头上涂抹，将山体上蒙版覆盖的区域清除干净，确保这个径向滤镜只作用于天边。

建立这个径向滤镜的时候，没有做参数归零设置，此前设置的参数自动延续到当前这个径向滤镜仍然有效。

在参数区的最下面单击"蒙版"前的对勾关闭蒙版。

在参数区的最上面单击"编辑"，回到编辑状态。

感觉天空的影调基本满意了。特地将"色温"和"色调"的参数滑标都向右移动，为这个区域增加暖色调，晚霞的氛围出来了。

综合考虑画面各个元素的影调关系，感觉近景残城墙的影调应该再提亮一点。

在参数区的最上面单击选中"新建"，单击"曝光+"，让曝光加半挡，其他参数归零。在参数区的最下边单击打开蒙版。

在图像中近景残城墙的地方，用鼠标拉出第4个径向滤镜。

如之前的操作步骤，设置并使用"画笔－"将不是残城墙的地方的蒙版涂抹掉。一定要保持勾选"自动蒙版"。涂抹蒙版区域满意了，在参数区最下面单击蒙版选项勾，关闭蒙版。

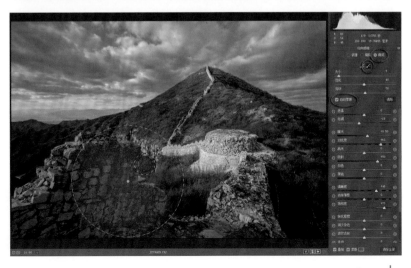

在参数区的最上面单击"编辑"，重新回到编辑状态。

根据近景影调的需要，设置各项参数。提高"对比度"和"清晰度"后，近景墙体的石头显得很有力度。特地将"色调"参数滑标稍向左移动了一点点，在残城墙的背阴处稍加了一点绿，强调一点局部的冷调子。

编辑径向滤镜

在最上面的工具栏中单击其他任意图标，退出当前径向滤镜工作状态。

什么时候还想再编辑原有的径向滤镜，可以再次单击"径向滤镜"图标，重新进入径向滤镜工作状态。

把光标放在某个已有的径向滤镜白色圆点上，稍等片刻，可以看到这个滤镜作用区域的蒙版显示。

对某个滤镜作用的区域不满意，可以单击这个滤镜的白色圆点图标，激活滤镜。可以移动圆点改变滤镜作用的位置，可以拖动圆圈的边点，改变滤镜作用范围的大小。改变滤镜作用位置和范围，不会改变蒙版的位置和范围。也就是说，移动了滤镜的位置和加大了范围，可以影响到天空，不会影响到涂抹的山体。

如果不想要某个滤镜了，先激活滤镜，白点变绿点，按Delete键就删除了这个滤镜。

在画面的右下角，单击菜单图标按钮，可以临时关闭当前滤镜。反复单击这个图标，可以对比使用或不用这些滤镜的效果。

最终效果

使用径向滤镜，我们形象地称之为"套圈"。这个案例中，使用了4个径向滤镜，套了4个圈，讲述了径向滤镜的操作方法，看到了径向滤镜的实际效果。通过径向滤镜这样处理，画面中圆楼主体更加突出，周围陪体更加和谐，画面的主观情绪更加强烈，画面的引导倾向更加明确。

径向滤镜主要是解决了画面的局部调整控制问题，使我们可以很方便地调整画面中各个元素的影调和色调关系。

径向滤镜是ACR软件近两年新增加的工具，相比过去使用调整画笔处理局部画面要方便得多。

调整画笔做随形 19

在RAW图像中往往有些特殊形状的区域需要调整影调和色调，这时使用渐变滤镜和径向滤镜都不方便，而调整画笔就是专门用来做这种调整的。使用调整画笔，可以将那些特殊形状的区域准确地描画出来，然后对这些区域做影调和色调的专门调整。这个调整画笔涂抹的区域，实际上就是Photoshop中蒙版的概念，但操作和理解上要简单得多。

准备图像

在湖边拍摄这张片子的时候，时机和天气情况都不能令人满意。拍摄的时候，有意留取了地面上没有雪的一长条沙滩，让地面、湖水、山峰之间形成明暗交替的对比。

回来看片子时感觉片子影调偏灰，云天、山峰、水面、沙滩都不够突出。

打开随书附送资源中的19.CR2图像文件，自动进入ACR。

单击"基本"调整区中的"自动"按钮，对图像做大体的影调调整。然后根据片子的实际情况，进一步调整各项参数。降低了"高光"，略提高了"白色"，提高了"清晰度"和"自然饱和度"。

片子的整体影调没有大问题了，但需要对水面、沙滩、云天做局部处理。

处理水面局部

先处理水面和沙滩的局部。这两个局部图像的形状都不规矩,用渐变滤镜和径向滤镜都难以满足要求。

在上面的工具栏中选中"调整画笔",这个画笔专门用来处理各种不规矩的区域形状。

选定调整画笔后,先单击"曝光+",将除"曝光"外的所有参数归零。然后要做的是设置笔刷的直径、羽化值等参数。现在要处理的水面区域边缘很清晰,因此选中"自动蒙版"。

将光标放到要涂抹的水面区域,看一下笔刷大小是否合适。

在参数区的最下面单击蒙版的色标,在弹出的拾色器中单击设置蒙版的颜色。选一个与画面中的颜色差别大的颜色作为蒙版颜色,便于识别蒙版。

单击"确定"按钮退出拾色器,完成蒙版颜色设置。

用调整画笔在水面涂抹。由于设置了"自动蒙版",所以画笔在涂抹时会自动判断与水面相似的区域涂抹。

设置"自动蒙版"后,画笔的圆心涂抹的地方,软件会智能识别画笔直径范围内与圆心相似的区域涂抹。因此,关键是不要把画笔的圆心涂抹到水面之外。

在参数区的最下面将"蒙版"前面的勾点掉,摘掉蒙版。

在参数区中设置各项所需的参数。提高"白色",降低"黑色"就提高了涂抹区域内图像的反差。提高"清晰度"和"饱和度",使调整的水面显得更通透、鲜亮。

处理沙滩局部

再来处理沙滩局部。

还是使用调整画笔来做。在右边参数区中单击"新建",建立第2个调整画笔。

沙滩也是要提亮的,还像刚才一样,先单击"曝光+",将各项参数归零。设置笔刷直径等参数,仍然选中"自动蒙版",选中"蒙版"。

用设置好的调整画笔将图像中的沙滩部分涂抹出来。

看到涂抹的区域有不准确的地方。在参数区中选中"清除",然后设置较小的笔刷直径和中等的羽化值。涂抹沙滩旁边的刚才涂抹多了的地方,让涂抹蒙版与所需的沙滩区域完全相符。

单击"蒙版"选项前的勾，摘掉蒙版。

调整各项参数。提高"对比度""清晰度"和"饱和度"参数，降低了"黑色"参数值，现在沙滩的质感已经强烈地表现出来了。

处理天空局部

为了突出山峰，还要专门处理天空。天空可以用渐变滤镜来做，而这里仍用调整画笔做，这样更容易适应山峰起伏的形状。

在右边参数区中单击"新建"，建立第3个调整画笔。单击"曝光 - "让所有参数归零。在参数区的下边设置较大的画笔直径，最高的羽化值。选中"自动蒙版"和"蒙版"。

用这个较大的画笔在图像中涂抹天空部分。

涂抹的天空与山峰的边缘肯定有很多不太相符的地方。在参数区中选中"清除"选项，设置较小的笔刷直径和中等的羽化值，用清除画笔沿着山峰的边缘将多余的涂抹蒙版清除掉。

如果清除涂抹的区域超出了边缘界线，也可以再选用"添加"选项，将需要补充的地方再涂抹上来。

边缘处理好了，单击"蒙版"前面的勾，摘掉蒙版。

提高"高光"和"白色"，降低"阴影"和"黑色"，都是为了提高天空的反差。提高了"对比度""清晰度"，天空的云彩突出了。把"色温"滑标稍微向左移动一点点，天空的蓝色显现出来了。

编辑调整画笔

现在画面中有3个调整画笔。

将光标放在某个画笔图标上，可以显现这个画笔的蒙版，得知这个画笔作用的区域。

如果不想要某个画笔了，单击那个画笔图标将其激活，然后按Delete键，就将这个画笔删除了。

单击某个画笔图标，可以激活这个画笔，进入编辑状态，重新调整编辑各项参数。

单击水面的画笔图标，激活进入水面编辑状态。分别将"色温"和"色调"参数都稍微向左移动一点点，看到水面的颜色更蓝、更鲜亮了。

在当前的调整画笔状态中，单击桌面右下角的第4个图标，可以临时关闭当前所有的画笔，观看到没有使用画笔调整前的状态。反复单击这个图标，可以对比观察有没有画笔的效果。

最终效果

经过这3个调整画笔的局部处理，云天、水面、沙滩的效果突出了，对应的山峰和雪地的对比更强烈了。

对于图像中这类形状不规矩的局部区域，使用渐变滤镜和径向滤镜都很难达到精准限制处理区域的要求。最好的办法就是用调整画笔来涂抹设定随行的局部区域，准确地调整涂抹区域的影调和色调，以达到满意的局部处理效果。

风光摄影经常行摄山水之间，很多人觉得那是很惬意的事。其实，要想得到满意的风光片，要吃很多苦头。

在我认识的摄友中，诺儿爸是一位公认的大侠。他以拍摄长城风光出名，行迹遍及祖国各地，特别是对长城情有独钟。从甘肃嘉峪关到辽宁虎山，诺儿爸几乎走过所有的长城遗迹，听他讲长城如数家珍，看他的长城片深感震撼。很多朋友概叹，我怎么才能拍到诺儿爸那样的大片呢。

我终于找到一个机会与诺儿爸一同行摄。我在乌鲁木齐与诺儿爸会合，我们一车两人，一路同行21天，行摄新疆。我的想法就是，我自己什么要求都不提，你吃啥我吃啥，你住哪儿我住哪儿，你拍什么我拍什么，我倒要看看你是怎么拍摄照片的。

按照诺儿爸的习惯，行摄路线只有一个大目标，并无具体时间期限。他总是一人单车，我不敢想象走在荒无人烟的大漠中是一种什么感觉，想起不知是谁说过的一句话：摄影人是孤独的。诺儿爸说，自己一个人，说走就走，想停就停，没有顾忌，不用商量。人一多，麻烦事就多，心思就不在摄影上了。

吃。这是每天必不可少的事，诺儿爸尽量简化。早晨我们在镇子边小店里一人一碗面，然后买了10个羊肉包子带上，这就是今天的饭了。吃饭没有固定的时间点，饿了就抓一个包子吃。到了晚上拍完落日，需要在荒漠中露营的时候，还是继续吃冰凉的羊肉包子。离开喀什的时候，我买了两个巨大的馕以防万一。过了几天馕已经干硬得赛瓦片了，整整吃了一个星期，嚼得我腮帮子都要脱臼了。

住。看似必须，其实没谱。为了能够拍到满意的日出和日落，我们经常需要露营，因附近几十公里都没有一个乡级村庄。所谓的露营就是在车里睡，把座椅放倒，和衣而卧。有时夜里气温降到零度以下，不敢发动汽车吹暖风，只能缩成一团挨到天明。黑暗中，听着外面呼呼的风声，我说："落锁吧。"诺儿爸说："这荒郊野外哪儿有人，没事。"我们此行的21天中有10天是这样过的。

行。似乎很随意，一切以拍摄照片为前提。只有一个总体目标，一路走一路拍，走到哪看着感觉好就不走了，感觉不好掉头就走。经常是早晨出发了，却不知道今天走到哪里算一站，路上随时可能要拐弯。现在毕竟有GPS，方便很多，不会迷路。诺儿爸说，他从来不开夜车，走夜路，一是考虑安全因素，二是天黑走过的路看不到景色就白走了。

摄。这是诺儿爸的终极目标。只要能出好照片，条件再恶劣都不怕。在喀拉库里湖边拍日落中的慕士塔格峰，冷风吹得他浑身发抖，说话都不利索了。我劝他赶快回车里加件厚衣服，他只摆摆手继续专心拍摄。在杀虎口长城赶上雪后雾凇，他在雪地上不慎摔了一跤，爬起来揉一揉腿，仍然专心拍摄。等晚上回到旅店，才发现膝盖摔破了，流血把皮肉与裤子粘在一起，脱不下来了。

跟随诺儿爸行摄，真正体会到：吃得风雨之苦，方得风光之美。

三杆洋枪打天下 20

在ACR的工具中，调整画笔、渐变滤镜、径向滤镜是专门用来处理局部图像的，相当于Photoshop中用蒙版控制局部调整区域的概念。因此，这3个工具中也有蒙版的选项，但对于蒙版的操作相对要简单容易得多。组合用好调整画笔、渐变滤镜、径向滤镜3个工具，就可以轻松处理好任何局部的图像，该突出的突出，该削弱的削弱，让我们的片子更加生动。

扫码看视频
（上）

扫码看视频
（下）

准备图像

找到随书赠送资源中的20.CR2文件。

傍晚，在公园里看到这个场景，秋林、小路、木屋、灯光，一个安静温馨的小景，点线面的元素关系、色彩的冷暖关系、影调的明暗关系都很舒服。当时没有带三脚架，于是用16mm广角端，提高感光度，开大光圈，1/30秒快门速度手持拍摄。

处理整体影调

在Photoshop中打开图像文件，自动进入ACR。

从直方图中看，这张片子的曝光基本正常。因为右上角的天空很亮，直方图右边已经到位，不能再过曝了。

除了片子的整体影调需要适当调整之外，场景中需要局部处理几个元素，重点是局部过亮的天空、亮度不够的灯光区域和红色的枫树。

161

先来调整片子的整体影调。

在基本调整面板中，先单击"自动"命令，相当于拍摄时使用自动挡曝光。

看到自动调整的效果并不满意。直方图上，右边天空亮调部分严重过曝。场景影调感觉也太亮了，没有了傍晚的那种宁静感。

基本调整的6项参数大多在中间，变化不大，只有曝光参数被增加了很多。

首先把"曝光"滑标向左移动，降低参数，让片子的整体影调符合傍晚的情景。右上角的天空还是太亮，将"高光"的滑标向左移动，降低了高光的参数后，右上角的天空效果马上见效了。

看直方图，波峰主要集中在暗调部分。将"阴影"滑标向右移动，适当提高暗调部分的亮度。再将"黑色"滑标向右移动一点，看到直方图的左边不"爬墙"了，这样就尽可能丰富了片子暗调部分的细节层次。

最后，将"清晰度"滑标向右移动，提高了清晰度参数，看到图像真的有了更清晰的感觉。

将"自然饱和度"滑标向右移动，适当提高图像的色彩饱和度。

片子的整体影调、细节层次、色彩效果大体调整好了。场景的感觉已经符合静夜的味道了。当时的环境就是这种感觉。现在我们想将场景中的灯光、小路、枫树这几个元素再做进一步强调。

用渐变滤镜处理天地

先将近景的地面和上面的天空再压暗，为的是让画面的中间更突出。

在最上面选中"渐变滤镜工具"。在右侧参数区中单击"曝光"参数左边的减号图标，让所有参数归零，预设曝光减半挡。

用鼠标在画面最下边向上到房子下边拉出渐变线，看到渐变区域覆盖近景地面。

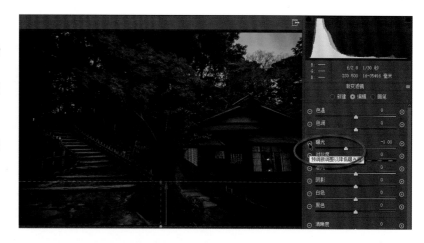

调整各项参数。

降低"曝光""对比度"和"阴影"的参数值，这样做是为了让渐变区域很缓和地变暗。因为是近景，因此可以稍微提高一点"清晰度"参数值，让近景的物体感觉更清晰一点。

可以看到画面近景的地面被压暗了。

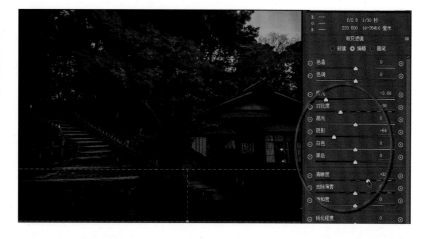

再来做压暗天空。现在参数区的参数是压暗地面的参数，应该不符合压暗天空的要求。因此，在参数区单击"曝光 - "，让各项参数归零，曝光减半挡。

在右上角的天空上，从右上到左下斜着拉出渐变线，大体与天空部分相符。

适当调整各项参数。

这时的天空不会有很大的反差，因此大幅度降低"对比度"，降低"阴影"的参数。

天将黑的时候，天空是宝石蓝的颜色，因此将"饱和度"参数适当提高。

看到天空有了明暗的渐变，很舒服的感觉。

检查天空与地面压暗的效果。对哪个渐变滤镜的参数不满意，就用鼠标单击激活哪个渐变滤镜，然后继续调整参数。

把光标放在某个渐变滤镜图标上，可以看到蒙版显示这个渐变滤镜作用的区域。如果不满意，可以直接拉动渐变滤镜的控制点，改变这个渐变滤镜的作用区域。

径向滤镜处理灯光

再来处理灯光效果。

在最上面选中"径向滤镜工具"。现在的参数区仍然是刚才使用渐变滤镜时设置的参数，因此需要在参数区单击"曝光+"，让所有参数归零，曝光加半挡，因为我们要让灯光区域亮起来。

用鼠标在屋门灯光照亮的地方拉出渐变线，可以看到径向滤镜范围的椭圆形区域了。

灯光照射的区域应该是比较强烈的，因此适当提高了"曝光"和"对比度"参数，还大幅度提高了"清晰度"和"饱和度"参数。

现在看到局部灯光的效果，暖暖的感觉效果非常不错。

再将右侧灯光照亮的窗户也做出来。

想象中灯光照亮的局部参数应该是一样的，因此参数区刚刚设置的各项参数可以不动。用鼠标直接在右侧窗户区域拉出径向渐变框，看到窗户果然亮起来了，与屋门的灯光相互呼应。

左边那条弯曲的小路，点缀着路灯，拍摄的时候就特别有感觉。因此也应该在后期处理中特意强调。

灯光小路的参数与屋里灯光的参数应该不一样。所以先在参数区单击"曝光 -"，将所有参数归零。

用鼠标在灯光小路区域大致拉出长圆形径向渐变框。

将光标放在径向渐变框的外面，看到旋转图标了，按住鼠标旋转径向渐变框，并适当移动长圆形框上的控制点，调整长圆形框的形状。将光标放在径向渐变框里，按住鼠标可以移动长圆形框的位置，使之与灯光小路基本相符。

调整各项所需的参数，降低"对比度"，大幅度提高"高光"参数，降低了"阴影"和"白色"参数，为的是让小路的影调更柔和。再提高"清晰度"和"饱和度"，现在灯光小路有了光照的感觉。

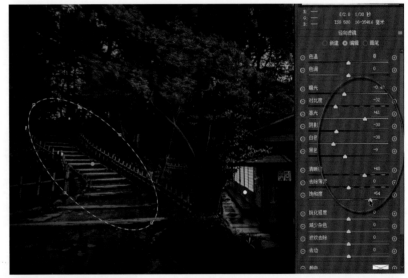

但又觉得这个局部的色调不够暖。于是，在参数区的最上面，将"色温"和"色调"两项参数滑标都适当向右移动，将当前调整区域的色调变暖。这样一来，灯光小路有了那种暖暖的感觉了。

调整画笔处理枫树

画面中那一棵红色的枫叶树，是这张片子中很漂亮的组成元素。现在感觉枫叶的影调也偏暗，应该适当调亮。

枫叶树的形状不规则，这就需要用画笔来做。

在最上面选中"调整画笔工具"。在右侧参数区中单击"曝光+"，将所有参数归零。在参数区的最下面先设定所需的画笔直径，羽化值为100。勾选"蒙版"选项。

用设置好的画笔在枫叶树上大致涂抹出所需的区域。

然后来修改蒙版。

在参数区的最上面单击选中"清除"选项。在参数区的最下面选中"自动蒙版"。将画笔直径调整得小一点，将羽化值设置到很低，便于识别涂抹的边缘。

用画笔沿着枫叶的外边缘涂抹，将枫叶以外的蒙版都涂抹掉，让蒙版基本与枫叶相符。涂抹时，画笔的中心不要进入枫叶的区域，有"自动蒙版"的帮助，涂抹出枫叶区域并不难。

在参数区的最下面单击将"蒙版"选项前的勾去掉，关闭蒙版。调整各项参数，适当降低"曝光"和"对比度"，提高"高光""清晰度"和"饱和度"参数，可以看到夜幕降临时分的枫叶楚楚动人。

想对比一下枫叶树调整前后的效果有多大差别，可以在当前调整画笔状态下，单击桌面右下角第4个图标，将当前调整参数临时关闭归零。反复单击这个图标，可以看到当前工具所做的调整效果对比。

降噪处理

在最上面单击"目标调整工具"图标，回到基本调整状态。

由于拍摄时已经日落，光线较暗，片子的阴影部分提高亮度后会产生噪点。因此，在调整面板中单击"细节"图标，进入细节调整面板，在"减少杂色"中将"明亮度"参数滑标向右移动，大致调整到30为宜，适当降噪。

回到"基本"调整面板，还可以进行细微调整。

在画面的右下角，可以分别单击第一个和第二个图标，对比这张图调整前后的效果。特别注意检查局部调整的效果影调明暗和色彩浓淡是否舒服。

最终效果

　　经过局部调整，门窗的灯光暖暖的，灯光小路和枫叶也是暖暖的，整个画面给人一种温馨的感觉。

　　调整效果都满意了，可以在画面的左下角单击"存储图像"。

　　我在画面的右下角单击"打开图像"按钮，将图像导入Photoshop，然后用前面案例中的月牙素材，在这个画面右上角的天空中添加了一牙新月，感觉为这个暖暖的场景添加了一份灵气。

用智能对象做合成 21

智能对象可以在Photoshop与ACR之间反复转换，智能对象也能够复制成为多个叠加在一起，这样，就可以利用智能对象的特点，实现图像的合成效果。用智能对象进行图像合成，十分灵活，十分方便，十分精准。

扫码看视频（上）　扫码看视频（下）

准备图像

找到随书赠送资源中的21.CR2文件。

雪山下桃花盛开，这样的景色是西藏林芝春色的一大亮点。雪山的壮美与桃花的秀美相伴，雪山的威武与桃花的妩媚呼应，后期处理时想把这两种感觉都调整出来。

调整基本影调

在Photoshop中打开图像文件，自动进入ACR。

从片子的直方图中看，这张片子的前期曝光没有问题。但由于天地高反差，直方图上有两个峰值。应该将天空适当压暗，丰富天空白云的层次。

在参数区中单击"自动"选项，图像会进行自动调整。

按照图像影调的感觉，再对各项参数进行适当调整。

把"高光"降到最低，"阴影"提到最高，为的是恢复亮调和暗调中的细节层次。把"白色"和"黑色"也适当降低了。提高了"对比度"参数值，看到直方图的两个峰值适当向里边移动了。再适当提高"自然饱和度"参数值，让画面颜色鲜艳一些。

片子的整体影调合适了。

压暗天空

感觉天空还是太亮，太抢眼。

在上面的工具栏中选择"渐变滤镜"。在右侧的参数区中单击"曝光 -"。设置再减一挡，在图像中从上边到山峰中间位置拉出渐变线，天空开始被压暗了。

继续调整参数。

提高了"对比度"参数值。

而提高"高光"参数值却降低"白色"参数值，这样就使高光部分的反差减弱了。又提高了"清晰度"参数值。

现在看到直方图上高光部分的峰值明显向右移动了。

渐变滤镜压暗天空的同时，雪山的山头也被压暗了。我们需要恢复雪山的亮度。在右边参数区单击"画笔"选中"画笔 -"，设置合适的笔刷直径参数值、中等羽化值，选中"自动蒙版"。在最下面单击选中"蒙版"，打开蒙版可见。

用画笔沿着山峰的边缘涂抹，将蒙版涂抹掉，重新露出山峰。

取消"蒙版"选项前的对勾，可以看到天空的影调满意了。

调整颜色

在上面的工具栏中单击"目标调整工具"，退出渐变滤镜，回到基本调整。在右边参数区中单击选中"HSL"选项卡，进入色相/饱和度调整参数区，选中"饱和度"选项。

感觉桃花的色彩还应该再提高一些饱和度。用鼠标按住桃花向右移动，看到桃花的不同位置色彩不同，分别增加了红色、橙色、黄色、紫色、品色的饱和度。现在桃花的颜色鲜艳了。

桃花还应该再亮一些。选中"明亮度"选项，还是用鼠标按住刚才桃花的位置向右移动，可以看到相应的颜色的明亮度参数值提高了，桃花亮起来了，有了精神头。

设置智能对象

在参数区的上边单击"基本"调整选项卡，回到基本调整参数区。

感觉整体的影调色调都满意了。尝试提高"清晰度"参数值，看到片子显得更通透了。但是桃花似乎缺少了一种温柔的感觉。我们需要对雪山和桃花分别做两种不同的风格，这需要用智能对象来实现。

在面板的右下角看到"打开图像"按钮，按住Shift键，看到"打开图像"变成了"打开对象"，单击"打开对象"按钮，将当前图像导入Photoshop。

在Photoshop中打开图层面板，在当前图层上单击鼠标右键，在弹出的菜单中选择"通过拷贝新建智能对象"命令，建立一个新的智能对象。这时可以在图层面板上看到有了一个新的智能对象图层。

在这个新的智能对象图层上的缩览图上双击鼠标，重新进入ACR。

专门处理桃花

　　回到ACR，各项参数还是刚才调整设置的参数值。

　　在基本面板中，将"清晰度"参数值大幅度向左移动，看到图像出现了朦胧的感觉。又稍微提高了一点点"曝光"和"对比度"参数值。

　　还是感觉桃花的影调不够明亮。

　　在选项卡中单击选中"曲线"图标，进入曲线调整区。

　　将"亮调"和"暗调"参数值都适当提高，看到曲线向上抬起了。为了更好地提亮暗部影调，又将曲线的分区滑标适当移动调整，扩大了暗调的控制区域。压缩了高光的区域。

　　效果都满意了，在面板的右下角单击"确定"按钮，退出ACR，重回Photoshop。

用蒙版做局部遮挡

　　现在的图层中，桃花的效果满意了，但山峰不能朦胧，要用蒙版做局部遮挡。

　　桃树的边缘很琐碎，直接用画笔涂抹蒙版是不行的。进入通道面板，选择一个反差最大的通道，这里是红色通道反差最大。在红色通道中，在通道面板最下面单击"载入通道选区"图标，将当前通道作为选区载入，看到蚂蚁线了。

在通道面板的最上面单击RGB复合通道。看到通道面板中所有的通道都被选中了，可以看到彩色图像了。

回到图层面板，蚂蚁线还在。在图层面板的最下面单击"创建图层蒙版"图标，看到当前图层上建立了一个灰度图层蒙版。

这个图层蒙版是按照图像的亮度关系建立的，白色的地方是保留当前图层的图像，黑色的地方是遮挡当前图层的图像。

感觉蒙版黑的地方不够黑，白的地方不够白。按住Alt键，用鼠标单击蒙版图标，进入蒙版显示状态。选择"图像\调整\曲线"命令，打开曲线面板来调整蒙版的黑白。

在曲线面板中，选用黑色吸管单击山峰的暗点，选用白色吸管单击桃花亮点，看到曲线两个端点向内移动了，蒙版的黑白对比反差提高了，桃花的边缘也更清晰了。单击"确定"按钮退出曲线。

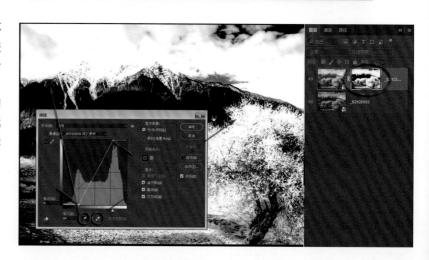

按住Alt键单击图层面板中的蒙版图标，退出蒙版显示状态。现在仍然在蒙版操作状态中。在工具箱中选中"画笔工具"，设置前景色为黑色，在上面的选项栏中设置合适的笔刷直径和最低硬度参数。用黑色画笔涂抹天空，将当前层的天空遮挡掉，露出下面图层的天空和山峰。

用白色画笔涂抹桃花，注意避开桃花的边缘。让当前图层的桃花完整显现。

最终效果

经过这样的调整，山峰的尖利与桃花的朦胧很好地结合在了一起。山之凿凿，桃之夭夭，刚毅与温柔，威武与妩媚，如同挺立的顿珠与婀娜的卓玛，很能体现西藏的味道经典。

正是利用了智能对象跨平台操作的特性，使用智能对象进行图像的合成，使两个不同风格的片子的拼合变得简便、精确。用智能对象进行合成，就是把一张片子处理成不同风格的多个图像，然后用蒙版进行局部遮挡，实现完美拼合。

颜色查找更多模式 22

我们经常希望在一张照片中尝试不同的色调风格效果，Photoshop中新增加的"颜色查找"功能，为我们在一张照片中快速实验各种不同色调风格效果提供了方便。颜色查找通过多个3DLUT文件，为图像映射各种预设的色调，选择加载数十种色调风格。使用颜色查找命令为照片设置色调操作简单，效果很好。

准备图像

打开随书赠送资源中的22.jpg文件。

这幅照片是在傍晚拍摄的一座古色古香的城堡，影调已经调整得满意了，但感觉色调有点说不出的怪异。想尝试其他色调的效果，但我心里也不清楚到底应该调成什么颜色才好。

初识颜色查找

在图层面板的最下面单击创建新的调整层图标，在弹出的菜单中选择"颜色查找"命令，建立一个新的颜色查找调整层。

在弹出的颜色查找面板中，打开"3DLUT文件"下拉框，弹出3DLUT颜色列表。在不同版本的Photoshop中，这个列表里的文件也不尽相同，有多有少。

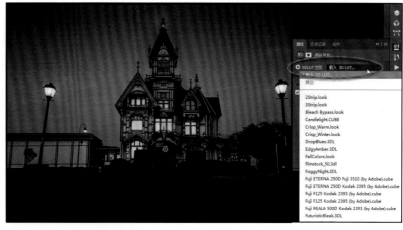

观察这个列表中的文件名，五花八门，似乎与色调效果、胶片型号、映射方式有关系。文件大体分成look、cube、3DL3种类型。要把颜色映射运算原理与方法讲清楚，这不是我能做到的。而对于大多数普通摄影爱好者来说，也没有必要深钻其中的专业领域。我们只是直接使用其效果。

有热情的网友把这个列表翻译成对应的中文，放在这里方便大家理解和查询。有些翻译得不是十分贴切也无大碍。

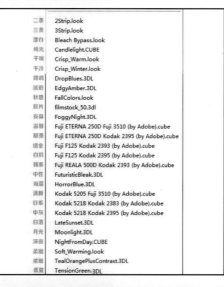

尝试不同色调映射

在打开的3DLUT文件列表中，先选中一个命令做颜色的映射。

可以看到图像的色调发生了变化。也有可能您看到图像是一片黑，这是当前颜色映射失败的缘故。继续换另一个颜色映射命令，直到图像出现颜色。

我们看到颜色映射的效果与过去常用的色相/饱和度命令或者色彩平衡命令调整的颜色感觉不一样。

在选中cube类型的命令时，面板的下面会出现"数据顺序"和"表格顺序"选项。这是颜色空间对应转换的方法设置。

可以选择不同的排列顺序，图像会即刻产生不同的颜色效果。如果不懂原理，那么就直接看效果吧。

处理局部效果

可以根据实际需要处理局部效果。

打开3DLUT文件下拉框，选中NightFromDay.CUBE命令，当前城堡被映射为夜晚的色调。效果还是很不错的，整个氛围确实有夜晚沉静的感觉了。

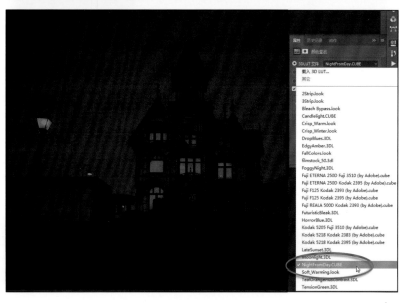

但我们希望灯光亮起来。

在工具箱中选择"画笔工具"，前景色为黑色，设置合适的笔刷直径和最低硬度参数。用黑色画笔涂抹画面中的窗户，看到在蒙版的遮挡下，窗户的影调和颜色恢复了原状，好像窗户里的灯光也亮起来了。

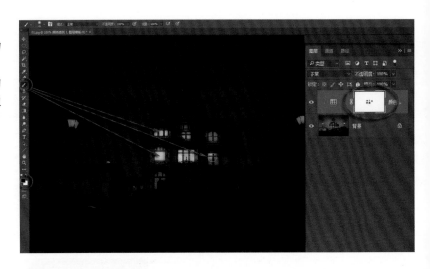

夜晚光线的一个特点就是它的区域性差异。

将笔刷直径参数加大，大约比一层楼再大一点。用黑色画笔在城堡的一层前面一笔涂抹过去，眼看着城堡前亮了起来。

但是这亮度也太过分了。选择"编辑\渐隐画笔工具"命令，打开渐隐面板，将"不透明度"参数滑标向左移动，降低刚才涂抹的画笔不透明度。看到城堡前面的亮度逐渐降低了，符合夜晚的环境气氛了，单击"确定"按钮退出。

渐隐操作只对刚做的前一步操作起作用，因此前面涂抹城堡一楼要一笔涂抹完成，中间不能松开鼠标。

感觉夜空中也应该有点变化才好看。将笔刷直径继续加大，然后用很大直径的黑色画笔在天空中一笔涂抹过去。看到天空在蒙版的遮挡下，涂抹的地方也恢复了原状。

这一笔当然也是涂抹得太狠了，需要适当减弱。

再次选择"编辑\渐隐画笔工具"命令，快捷键是Ctrl+Shift+F，打开渐隐面板，将"不透明度"参数滑标向左移动，看到天空的效果不再生硬了。满意后单击"确定"按钮退出。

在图层面板中打开图层混合模式下拉框，为当前的颜色查找调整层，设置图层混合模式为"柔光"。感觉图像太亮了，有点不像夜晚了。将当前图层的不透明度适当降低一点。现在感觉片子的整体氛围很舒服了。

有很多朋友问，如何知道什么片子什么情况下应该设置什么图层混合模式？其实，这都是试验出来的。预先我也不知道具体哪个模式合适。

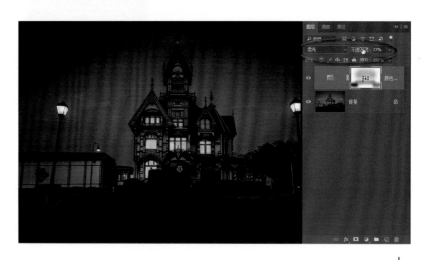

导出颜色查找表

每一个颜色查找命令，就是一种色调效果。

如果对自己调整处理的某种色调效果感到满意，也可以导出作为一个自己的颜色查找命令。

选择"文件\导出\颜色查找表"命令，在弹出的"导出颜色查找表"面板中进行相应的设置，单击"确定"按钮退出。然后要在颜色查找命令中将这个自定义的新颜色查找表再导入。以后就可以经常使用自己设置的颜色查找命令处理照片色调了。

最终效果

"颜色查找"原本是电影电视专业级别的色调调整概念，是影视数码化的一种高级操作手段。从原理上讲是图像中每一个像素的RGB三维空间的映射转换。

用颜色查找命令，我们可以在一张片子中很快尝试各种不同的专业色调处理效果。

用颜色查找进行照片的色调处理，效果专业，操作方便。

捧读《跟亚当斯学摄影（数码版）》

朋友推荐《跟亚当斯学摄影（数码版）》，立即网购获得，捧卷夜读感受颇多。

一直以来，我对亚当斯提出的分区系统很感兴趣，找过很多专著，做过很多实验，但一直不得要领。读了《跟亚当斯学摄影（数码版）》之后，不仅弄懂了亚当斯分区系统的方法，而且纠正了过去将分区系统（Zone System）翻译为区域曝光法的错误。

我认为，亚当斯的分区系统在当今的数码时代更容易理解和实现，在数码照片的调整中，影调的控制应该以分区系统为依据，在Photoshop的实际操作中，按照分区系统调整控制照片的影调已经可以规范化、流程化。而在过去，亚当斯是在传统暗房中操作的，这很大程度上依据个人的经验，每一张照片都很难完全复制相同。今天，在计算机中操作，按照分区系统的理论，精细控制照片的影调，不仅是能够做到的，而且是大家都能操作的，是可以反复修改和重复的。使用计算机操作实现分区系统的普及是完全可以做到的。

第一，认真阅读《跟亚当斯学摄影（数码版）》一书，证实了我过去的很多观点、思路是正确的。什么是分区系统，我一直怀疑我们很多教科书中所讲的是错的，是望文生义的误解。我在自己研读和实验的基础上，提出自己的理解，现在从这本书中得到完全的印证。

第二，从这本书中澄清和理解了很多过去模糊不清的观点。如关于前期曝光值的计算，向右曝光理论的色阶表述等，都是我过去讲不明白的，现在终于从理论上弄明白了。将这些理论付诸实践，对于今后提高我们的前期拍摄技术和后期处理技术都有直接的帮助，特别是对于相关理论的表述更清晰了。

第三，了解了分区系统的一些核心理念。分区系统强调"针对阴影曝光，针对高光显影"的理念，对于我们操作分区系统从前期到后期都有重要的提示指导意义。而且这本书中也明确指出RAW是正介质，与JPEG是相反的。也就是说RAW相当于反转片，这与我过去讲的观点一致。书中特别指出在RAW中要反过来"针对高光曝光，针对阴影调整"，这使我过去已经有的观点有了明确的理论支撑。

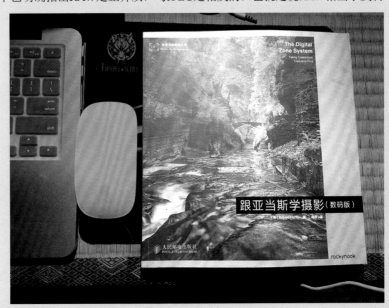

第四，学习了更精确、更科学的后期处理技法。这本书的作者详细讲述了在数码后期中如何按照亚当斯的理论提取11级灰度影调，如何精细调整11级灰度影调的方法。而其中具体的智能对象、灰度蒙版、调整层的技术都是我很熟悉的操作技术，因此边读书边操作很得心应手。掌握书中的操作技法对我来讲不是问题，我要做的是如何在完全理解的基础上，用我们最容易理解和操作的方法，将这套操作方法简捷化、模式化，让更多的摄影爱好者也能运用亚当斯的分区系统调整出好的照片。

这本书翻译得不错，应该是一位摄影内行人翻译的。这本书的原作者是美国人，习惯于美国式讲法，话语很有亲近感。

主动转换黑白效果 23

黑白照片是摄影史上的起点，今天，黑白照片仍然有迷人的魅力。在数码时代，相机获得的都是RGB的彩色信息。将今天的彩色图像转换为黑白效果，技术上只是单击一个命令，但不同的方法所得到的黑白效果却天壤之别。主动转换黑白效果所需要的不仅是操作命令，更重要的是对黑白照片的美学理解和对灰度素描关系的把握。关键在于，使用"黑白"命令进行主动转换黑白效果，变化无穷，其乐无穷。

准备图像

打开随书赠送资源中的23.jpg文件。

这么一张普通的彩色照片，从画面来看，曲线的利用和明暗的对比都很到位。但还是感觉没有那种视觉的冲击感，这应该与天空和地面景物的颜色单一有关，所以尝试将彩色转换为黑白效果。

被动转换黑白效果

将彩色图像转换为黑白效果的方法有很多种。

最直接的是选择"图像\模式\灰度"命令，将当前的RGB色彩模式转换为灰度模式，图像就直接变成了黑白效果。

将色彩模式转换为Lab模式，然后删去其中的ab两个颜色通道，只保留L亮度通道，也可以将图像转为黑白效果。

还可以在当前RGB彩色模式中，选择"图像\调整\色相/饱和度"命令，在弹出的色相/饱和度面板中，将"饱和度"参数滑标向左移动到顶端-100。画面中所有颜色都被去掉，画面呈现黑白效果。

还有其他彩色转换黑白的操作方法，而所有这些方法都是由软件直接将图像去色转换为黑白效果的，原图像中各种颜色具体转换为什么程度的灰，是不由我们控制的。这样的彩色转换黑白是被动的。

主动转换黑白效果

我们希望能够主动控制各种颜色转换为某种程度的灰。

在图层面板的最下面单击创建新的调整层图标，在弹出的菜单中选择"黑白"命令，建立一个新的黑白调整层。

现在看到彩色图像已经被转换为黑白效果了。

黑白面板上的各项参数是软件默认值。

现在已有的转换相当于被动转换，这个效果我们并不满意。

想压暗天空。将青色和蓝色的滑标向左移动，看到天空的影调暗下来了。相当于将原来青色和蓝色转换为很暗的灰度。

长城的颜色中是红色和黄色。将红色的滑标大幅度向右移动，稍微提高一点黄色的参数值。红色和黄色被转换成很亮的灰度。

　　现在看起来天空与长城的反差大大提高，画面的注意力被吸引到长城上来了。这样的效果相当于拍摄黑白胶片时加红色或者橙色滤镜的效果。

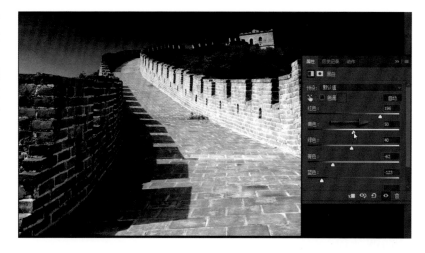

　　也可以将红色参数值适当降低，而将黄色和绿色参数值适当提高。这样一来，长城的影调没有太大变化，但是山上的绿色植物亮起来了，树林的层次更加丰富、细腻了。

　　到底是长城与树林的反差大了好，还是树林的层次丰富了好，这是您自己的爱好了。

　　还可以将红色滑标大幅度向左移动，降低红色转换灰度的明度。再提高黄色参数值。现在看起来，山上的树林更亮了，而长城的层次更丰富了，反差相对减弱了。

　　与前面大反差的效果相比，现在降低反差的效果可能更显一种柔和之美。

如果将黄色参数值大幅度降低，让红色与黄色巧妙搭配，可以发现长城上原来明显的阳光投影消失了。整个画面呈现的是一种宁静的气氛，可以想象一下，如果在天空左上角加一牙残月呢？

单色调效果

先将6个颜色参数值设置好，看到黑白效果满意了。

在黑白调整面板上边单击选中"色调"。整个图像被渲染成单色调效果。现在仍然可以依据个人对这个单色调的喜好，继续调整各个颜色的参数值。

单击"色调"选项的色标，打开拾色器。可以随意设置所需的颜色。根据画面内容不同，设置各种颜色的色调，表现不同的情感和氛围。满意了，单击"确定"按钮退出拾色器。

各种预设效果

　　面板最上面有"预设"选项，打开预设下拉框，可以看到有很多不同的转换方案可供选择。这是软件已经准备好的转换黑白效果，选定某个预设方案后，还可以根据片子的实际情况，继续调整各项参数，以获得更佳的转换效果。

　　使用"黑白"命令将图像转换为黑白效果，可以直接选择"图像\调整\黑白"命令来做。而我们这个案例中是用调整层来做的，这就为我们提供了一个更广阔的调整空间。

　　在图层面板上打开图层混合模式下拉框，可以继续选择某个所需的图层混合模式，由此产生更丰富的转换效果。

最终效果

　　黑白照片有其特殊的魅力。将色彩图像转换为黑白效果，应该使用专用的"黑白"命令来做，这样的主动转换黑白，可以产生各种不同的效果。每一种颜色转换为什么样的灰，对于黑白照片的影调来说太重要了。一张黑白照片的不同影调，表达了不同的精气神，要想尝试和获得更能体现自己情感的黑白影调，一定要用"黑白"命令来做主动转换。

　　所以，我们不主张用其他命令来做被动黑白转换，也不赞成在相机中设置黑白模式来拍黑白照片。

RAW直接转换黑白效果 24

　　RAW图像是相机记录的光感信息，本身是没有黑白模式的，在相机中设置黑白模式拍摄RAW黑白图像，实际上是没有意义的。而将RAW彩色图像转换为黑白图像，也应该在ACR中完成，因为这样的转换可以根据原图像的色彩进行所需的后期处理，这样的转换比JPEG图像在Photoshop中转换黑白的质量要好得多。

准备图像

　　这是在秋天拍摄的坝上风光，云天和秋林都很漂亮，山坡上点缀的羊群为画面增添了活力。想象中，这样的片子经过后期处理，应该是令人满意的。

　　在ACR中打开随书附送资源中的24.CR2文件。经过一般的处理，压暗天空，提亮地面。天空的层次出来了，地面的景物也突出了。满意吗？反复观看这张片子，上半部分是偏蓝的冷色调，下半部分是黄的暖色调。怎么看都觉得这张照片像是由两张图像拼起来的，上下不搭。

　　所以我考虑将其处理成黑白效果，让整个片子的影调和谐统一起来。

处理黑白影调

在选项卡中选中HSL/灰度，进入HSL灰度调整区。

勾选"转换为灰度"选项，进入灰度模式。我们还是习惯性地将灰度模式称为黑白片。

当前参数区中从红色到品色的8个色彩参数是软件预设的转换为黑白的默认亮度参数。

我们按照图像的实际需要调整各项颜色参数，实际是调整各项颜色转换为黑白后的亮度。

将"橙色"和"黄色"参数提高，秋林亮起来了。将"浅绿色"和"蓝色"参数降低，也就是压暗了天空。

片子统一为黑白影调，就没有了刚才上蓝下黄分割图像的感觉了。

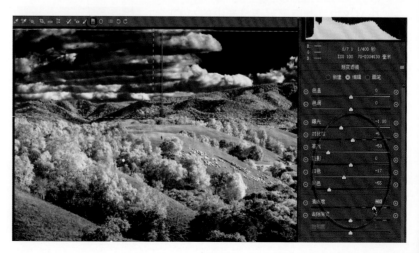

虽然降低了蓝色、青色的值，压暗了天空，但天上白云的高光部分还是太亮。

在上面的工具栏中选中"渐变滤镜"，在右边参数区中单击"曝光－"让所有参数归零。

在天空中从上到下拉出渐变线。调整各项参数，降低"高光"和"白色"，提高"清晰度"参数值，看到天空云彩的高光暗下来了。

感觉图像的左下角太亮，不利于突出图像中间的主体。

用渐变滤镜在图像的山坡处从左下角向右上方拉出渐变线。现在的参数区还是刚才设置的参数，再将"对比度"和"高光"参数降低，左下角又感觉太暗了，将"黑色"参数适当提高。图像左下角的影调感觉满意了。

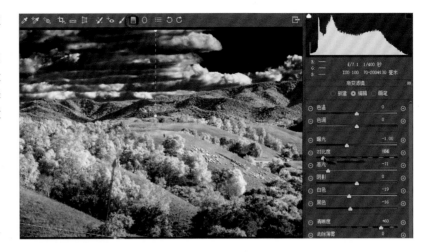

感觉图像的整体影调偏硬，尤其是中间调的反差偏大。

在选项卡中选中"曲线"，进入曲线调整区。

分别将"亮调"参数降低一点，将"暗调"参数提高一点。这样一来，影调中间部分的曲线趋缓，反差降低，感觉山坡中间的主体部分柔和了许多，气氛舒服了。

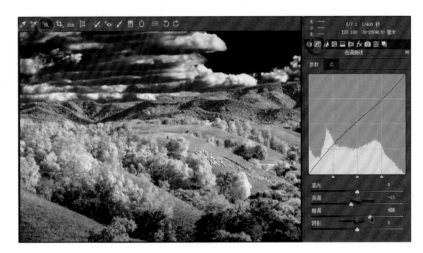

在选项卡中单击第一个"基本"，进入基本调整区。

现在看到，转换为黑白灰度模式后，基本调整区最下面的"自然饱和度"和"饱和度"参数都不可用了，因为现在的灰度模式中没有颜色，只有亮度。

如果调整最上面的"色温"和"色调"参数，改变的不是颜色，而是对应颜色的亮度。

处理单色调

　　黑白照片往往也处理成单色调，效果也不错。但在ACR中没有直接着色的功能，因为色彩模式已经转为灰度。

　　要设置单色调，可以在"分离色调"中进行。在选项卡中单击选中"分离色调"，进入分离色调调整区。先将"高光"区的"饱和度"参数大幅度提高，再设置所需的"色相"参数，然后调整"平衡"滑标的位置，可以看到图像产生了单色调效果。而这时发现最上面的直方图也变成RGB3色了，现在图像又转换为RGB模式了。

　　将分离色调调整区中"阴影"区的"饱和度"和"色相"参数设置得与"高光"区一致。现在看到图像已经成为真正的单色调效果了。

　　甚至也可以将"阴影"区的"色相"参数设置为冷色，再调整"平衡"滑标的位置，让图像的色调在高光中呈现暖色，在阴影中呈现冷色。这样的单色调效果别有一番味道。

尝试特殊效果

在选项卡中单击选中"HSL/灰度",进入色相饱和度调整区,将"转换为灰度"的勾去掉,图像恢复彩色。

在选项卡中单击第一个"基本",进入基本调整区。将参数区最下面的"自然饱和度"参数降到最低-100,可以看到图像有了一种特殊的效果,既没有彩色,又不是完全黑白。再将"饱和度"参数提高一点,图像中秋林的颜色突出了,其他都是黑白的。

重新单击"HSL/灰度"选项卡,进入色相饱和度调整区。

再单击进入"明亮度"调整区,将秋林的橙色和黄色参数值适当提高,将天空的淡绿色和蓝色的参数值降低。

现在这个只有某种单色的效果,是好是坏不确定,但肯定是令人感到新奇,甚至有点红外摄影的味道的。

最终效果

将这个图像转换处理为黑白效果之后,整体影调统一了,主体更突出了,片子更有胶片的味道了。

调整处理黑白效果,重要的是按照亚当斯的分区系统理论,做好11级灰的精细处理,还要不受画面颜色的干扰,符合整体素描关系。

将RAW图像转换为黑白效果,还是要在ACR中进行处理,这样更精准,对图像质量损失更小。

无痕迹拼接大片 25

面对风光大场景，往往感觉镜头不够用。如果用大广角拍摄，要么严重畸变，要么画面大面积浪费。于是采用前期拍摄多幅画面，后期再拼接整幅画面的方法，可以获得非常好的大片，片子质量和画面美感都能达到满意。而拼接大片的实现是软件自动完成的，操作很简单。

准备图像

站在湖边，艳阳高照，冰面闪亮，山高水阔，云卷云舒。场面壮美，心情舒畅，尽管已经使用了16mm广角端，还是觉得镜头不够用，上下够不着。于是分别对上面的天空和下面的湖面拍了两张片子，拍摄的时候就想好了，回来做拼接。

调整影调

打开随书附送资源中的25-1.CR2和25-2.CR2文件，自动进入ACR，可以看到左面一列是当前打开的文件。

先要对打开的图像文件进行统一调整。在文件列的上边单击菜单图标，在弹出的菜单中选择"全选"命令，将当前所有图像文件选中，这样就会让各项调整参数对所有选中的图像文件都起作用。

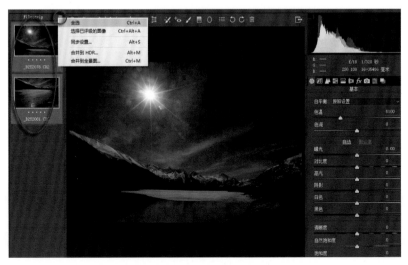

在右侧基本参数调整区中单击"自动"按钮，对当前图像进行影调自动调整，可以看到左侧图像文件列中选中的图像进行了同步调整。

再根据当前图像的具体情况适当调整所需参数，提高"清晰度"和"自然饱和度"参数。片子看起来已经基本满意了。

拼合全景图像

在左边图像文件列的上边单击菜单图标，在弹出的菜单中选中"合并到全景图"命令，对图像做全景拼合。

实际拍摄的全景图是横片还是竖片，软件会自动识别。

在弹出的"全景合并浏览"窗口中可以看到拼合的全景图效果。

在"投影"栏中有不同拼合方式的选择，可以形成不同的投影合并的效果。

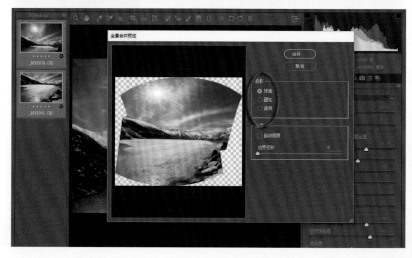

可以尝试不同的投影选项，观察不同投影
效果。软件会根据图像进行相应的拼合。

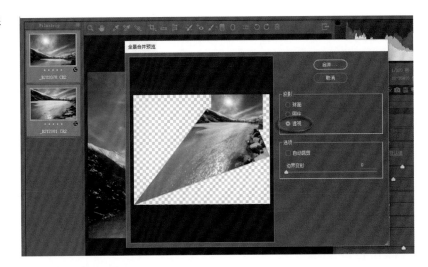

在"选项"栏中，移动"边界变形"参数
滑标会改变当前投影的形状。

可以根据图像变化的情况设置"边界变
形"参数，让画面在少变形的前提下，尽量充
满窗口。

勾选"自动裁剪"选项后，会将刚才窗
口中空白透明的地方裁剪掉，让有效画面充
满窗口。

就当前这个拼合图像的效果来看，还是在"投影"中选中"球面"，而在下面的"选项"中将"边界变形"参数设置到最高值，并且勾选"自动裁剪"，这样得到的效果最满意。

单击"合并"按钮退出全景合并浏览窗口。

存储拼合的图像

合并后的图像要存储，在弹出的"合并结果"面板中，选择所需的存储位置目录。

注意，这时能够存储的文件格式是.dng，并且只有这一种格式可选。单击"保存"按钮，当前拼合的全景图即可存储完成。

DNG格式是一种数码相机原始数据的公共存档格式，比RAW更兼容。

现在可以在ACR窗口的文件列中看到新产生的刚刚拼合好的DNG格式图像文件了。

对于这个图像还可以像调整单个图像一样，继续进行各种所需的影调色调处理。

在右下角单击"打开对象"按钮，则将当前拼合的图像导入Photoshop中。

进入Photoshop后，还可以继续进行各种所需的后期处理操作，这与平时处理其他图像的操作是一样的。

完成处理后，可以存储图像了。这时可以存储为最常用的JPEG格式图像了。这是最常用的输出图像文件格式。

再次打开前面存储的DNG格式图像，会自动进入ACR中。还可以继续进行各种所需的调整。

JPEG格式图像的拼合

打开随书赠送资源中的25-3.jpg和25-4.jpg图像。

这两张照片是前面两个RAW图像输出的单个图像。下面我们来看一看如何对普通的JPEG图像进行全景拼合。

选择"文件\自动\Photomerge"命令，进入图像合并面板。我不知道为什么中文版的Photoshop软件中，唯独Photomerge这个命令一直没有使用中文。

在打开的"Photomerge"中单击"添加打开的文件"按钮，会将当前桌面上已经打开的图像文件添加进来。在"版面"中选中"拼贴"。单击"确定"按钮退出当前面板。

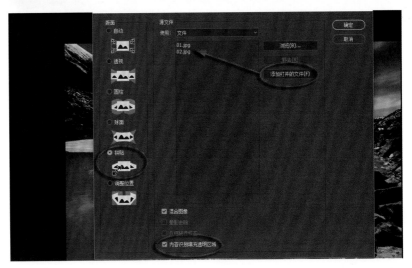

选择什么形式的拼合方式合适，我也心里没底，是由依次试验来决定的。

选定"拼贴"后，会看到软件开始进行两张图像的拼贴。由于拍摄的时候画面没有完全对正，所以拼贴会出现移位，左上角和右下角还会出现空白缺失。

稍等片刻，软件经过智能识别，然后做出拼合，中间拼合的效果还是很不错的，没有任何痕迹。

在刚才的Photomerge面板中，如果选中了"内容识别填充透明区域"的选项，软件会智能选择相符的图像，将拼合时的透明空白区域进行填充。

乍一看填充的区域很不错，但仔细观察可以发现，填充区域内的图像是复制旁边的图像。这样做出的效果能否接受，完全由您自己决定。

最终效果

拼合图像产生的大片，整体看效果很棒，有一种大画幅相机拍摄的效果。这个案例中做了RAW和JPEG两种格式图像的拼合练习，操作都很便捷。

用好拼合全景图像的操作，为我们拍摄更大场面的照片，获得更高像素的高质量图像，提供了方便的拍摄和制作路径。相信会有更多的摄友用这样的方法拍出、做出让自己震撼的大片来。

光绘星轨一招灵 **26**

在风光摄影中，拍摄光绘和星轨是一项很有意思的拍摄活动。一般来说，都是用数码相机分别拍摄多张照片，然后进行合成。这样做的好处是避免一次长时间曝光造成地面景物过曝。多张照片拍摄完成以后，先进行统一的影调色调调整，然后在Photoshop中全部复制到一个图像文件中，再用一个命令就完成所有片子的合成。

准备图像

这是一次公路光绘拍摄活动。首先找到这样一条盘山公路，在这个画面中能够看到蜿蜒盘旋的山路。然后我们分别选择自己的机位，架好相机。

安排两辆车从山顶一直开到山下。天黑之前拍了一遍，景物太亮，灯光效果不明显，效果不好。等到天色渐暗，灯光效果能够显现的时候，又拍第二遍，效果还不错。拍第三遍的时候天已经黑了，景物看不见，效果不行了。

按说是可以拍成一张片子的，但我拿不准车行一次是多长时间，不好控制景物曝光量，而我又没有电子快门线。于是设置相机自身最长的一张曝光为30秒，连拍完整的车行过程，总共7张。车辆启动之前，先拍一张，确认景物曝光准确。

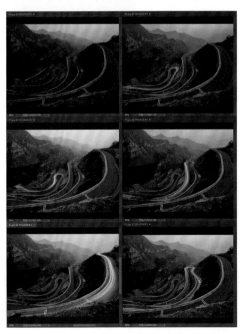

打开随书赠送资源中的 26 -1.jpg～ 26 -6.jpg6个图像文件。

分别对图像做影调和色调的调整，让这些片子的影调色调统一。

合并图像

在Photoshop中打开多个图像文件，默认是以卡片方式排列，桌面只能看到一张图。

确认用最后一张图作为目标文件。

先进入前一张图，按Ctrl+A组合键全选图像，按Ctrl+C组合键复制图像。

单击文件名卡片，进入最后一张目标文件。

按Ctrl+V组合键粘贴图像。在图层面板上可以看到，新产生了一个图层，将刚才复制的图像粘贴到当前的目标图像中了。

用同样的方法，分别进入其余的图像文件，依次按Ctrl+A组合键全选图像，按Ctrl+C组合键复制图像。再回到目标图像中，按Ctrl+V粘贴图像。

进行5次复制粘贴，把5张图复制粘贴到目标图像中。在图层面板上可以看到6个图层和6张片子都齐了。

图层的顺序无所谓，哪个在上哪个在下都可以，不用非得按拍摄顺序排列。

合成图像

按住Ctrl键在图层面板中依次单击各个图层，将6个图层都选中。

选择"编辑\自动混合图层"命令。

在弹出的"自动混合图层"窗口中，已经选中了"堆叠图像"。下边的"无缝色调和颜色"需要选中，否则合成的色彩会有痕迹。

这个片子是用三脚架拍摄的，所有片子的画面完全一致，因而"内容识别自动填充透明区域"可以不选，单击"确定"按钮退出。

软件开始基于图层内容自动混合各个选中图层的图像。

如果出现"命令'裁切'的参数当前是无效的"提示，可以不管。

软件完成图像混合，效果感觉很不错。

在图层面板上可以看到，上面的5个图层分别增加了蒙版。也就是说"自动混合图层"命令能够智能分析所选中的各个图层的图像，然后取各个图像中不同的部分进行合成，用蒙版将相同的部分遮挡掉。

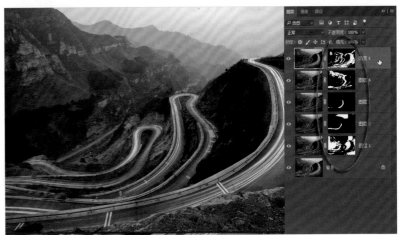

在图层面板上轮流单击各个图层前面的眼睛图标，打开或者关闭某个图层，可以看到当前图层中选取的情况。

最后的微调

还想继续做一些细微的调整。

在图层面板中指定最上面的图层为当前层。

按住Ctrl+Alt+Shift+E组合键做一个当前效果的盖印。在图层面板上可以看到产生了一个新的图层。

在图层面板的最下面单击"创建新调整层"图标，在弹出的菜单中选择"曲线"命令，建立一个新的曲线调整层。

在弹出的曲线面板中，选中"直接调整工具"。用鼠标按住图像中的天空向下移动，看到曲线上也产生相应的控制点向下压低了曲线，图像暗下来了，主要看天空的影调满意了为止。

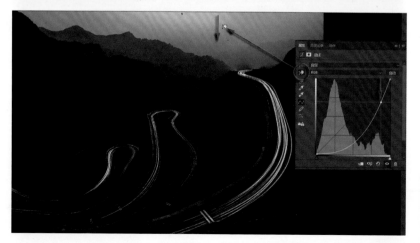

在工具箱中选择"渐变工具"，设置前景色为黑色。在上面的选项栏中设置渐变颜色为前景色到透明，渐变方式为线性渐变，其他参数默认。

当前图层在蒙版操作状态中，在图像中右上方天空部分从下到上拉出渐变线。在蒙版的遮挡下，图像大部分恢复了刚才的影调，天空被压暗了，更符合傍晚的气氛了。

图像中还有一些脏点。

在图层面板中单击指定盖印层为当前层。在工具箱中选择"污点去除工具"，设置合适的笔刷直径。在图像中分别单击涂抹画面中的脏点，将脏点修补掉。

最终效果

合成后的光绘效果非常满意。弯弯的山路上，车行光绘流畅瑰丽，远山朦胧，夕阳落去，车流潇洒，片子漂亮。

如果是拍星轨，也可以用同样的方法来进行合成。最好是使用电子快门线，设置5～10分钟拍摄一张片子，最终能有数十张片子。在Photoshop中做"自动混合图像"时，如果是数十张片子，恐怕计算机要累死了。因此，如果需要合成的片子数量太多，可以10张一组先合成一张片子，然后将合成过的片子进行合成。这样是为了减轻计算机的负担。

风光大胆追求唯美 27

把风光片处理成像画一样美，这应该是风光片处理的基本要求。有人总觉得，风光片处理得太美了，就不真实了。这是因为他把风光摄影当成了纪实摄影，而我一直认为风光摄影是艺术摄影。风光摄影不是为了证明某地有某物，而要充分表达摄影师对于眼前景物的理解和感情。只有这样，才能真正让"风景如画"。

准备图像

找到随书赠送资源中的 27 .CR2文件。

山村的春天，艳阳高照，桃花盛开，麦田青青，山林葱葱。

在前期拍摄中，为了得到太阳的星芒，有意使用了小光圈，适当减少了曝光。虽然得到了满意的太阳星芒，但地面景物影调很暗，需要在后期处理中进行专门的调整。

在ACR中打开图像后，看到直方图已经达到全色阶，说明前期拍摄曝光准确。

在基本调整中单击"自动"选项，对当前图像进行自动调整。可以看到各项参数变化不大，图像的阴影部分并没有明显的改善。

处理暗部层次

要按照直方图的形状来调整各项参数。

大幅度降低了"高光"参数，大幅度提高了"阴影"参数。这样可以明显提高图像的暗部层次。

然后提高"对比度"和"清晰度"参数，使画面的阳光感觉更强烈。

提高"自然饱和度"参数，颜色鲜艳了。但直方图左侧开始"爬墙"了，于是稍微提高了"黑色"参数。

专门处理颜色

在右边选中HSL选项板，进入色相/饱和度调整区。

先选中"饱和度"，分别提高了"红色""橙色""紫色""洋红"的参数值。让桃花的颜色看起来更鲜艳了。

然后选中"明亮度"选项板，把刚才提高了饱和度的红、橙、紫、品4种颜色的明亮度参数值都提高一些，再将"蓝色"参数值稍降低一点。这样做是为了让桃花在天空中的反差加大，更突显出明亮。

处理地面影调

地面的麦田影调感觉偏暗。在上面的工具栏中选中"渐变滤镜"，在右边参数区中单击"曝光+"，让除了曝光参数之外的所有参数都归零。

从图像最下边开始，在地面上自下向上拉出渐变线。

适当调整各项参数，分别提高了"高光""阴影"和"清晰度"参数值，地面已经亮起来了。

地面不能是越往下越亮，因此还要用第二个渐变滤镜来进行压暗。

在右边参数区中单击"新建"，单击"曝光－"，让其他参数归零。从图像最下边开始，自下向上拉出第二个渐变滤镜，渐变范围小于刚才第一个渐变范围。在参数区中降低"曝光"和"对比度"参数值，可以看到地面的最下边暗下来了。这样套用两个渐变滤镜，使地面的影调有了变化，也符合树荫的状况。

处理山坡影调

感觉山坡的影调太暗。

在上面的工具栏中选中"径向滤镜"。在右边的参数区中单击"曝光+"，让其他参数归零。

在山坡山林中拉出径向滤镜范围，并按照山坡的走势，适当旋转径向滤镜与之相适应。

分别提高了"高光""阴影""清晰度"和"饱和度"参数。现在可以看到山坡上山林的层次显现出来了。

细致微调影调

在右边的选项卡中单击选中"曲线"，进入曲线调整区。

感觉现在的图像影调似乎还有点偏硬。稍微降低"亮调"参数值，提高一点"暗调"参数值。这样就缓和了图像中间调的反差，使片子的影调感觉柔和了，更符合画面的意境。

在右边的选项卡中单击"基本"，回到基本调整区。

如果将"清晰度"参数滑标向左移动，适当降低清晰度参数值，画面又产生了一种柔和朦胧的效果。

清晰度的参数值到底是高一些好，还是低一些好，这没有对错，要看操作者自己的偏好。

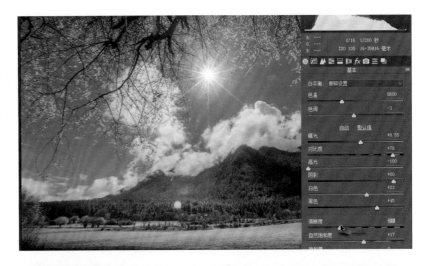

在桌面的右下角单击第一个显示图标，对比观察调整前后的效果，感觉画面变化程度。

最终效果

调整后的画面令人憧憬，有一种亲自前往的冲动。画面似乎太唯美了，但这才是我们对这个世外桃源小山村的理解和赞美。

这里的村民告诉我：村里没有人出去打工，虽然说不上很富裕，但是我们很知足了。

所以，我愿意在这个画面中大胆追求唯美，让所有的人都来感受那种淳朴、舒适、和谐、美丽。

焦点堆叠合成全景深 **28**

使用长焦镜头拍摄风光，能够产生压缩空间的效果，画面显得紧凑、饱满。但长焦镜头的景深小，即使使用小光圈，也无法让画面中的景物从最近到最远都清晰。这时最好的办法就是用焦点堆叠的方法来得到全景深的画面。

准备图像

站在长城上，面对这样的场景，远山层峦叠嶂，中间长城蜿蜒，脚下荒草丛生。感慨长城的过去和现在，希望将远景、中景、近景都放在画面中。而使用广角镜头则画面显得很散，于是决定使用长焦镜头来压缩画面空间。但即使缩小光圈，也无法让远山、长城、荒草在一个画面中都清晰。于是使用固定的画面焦段，分别对远山、长城和脚下的荒草合焦。拍摄的时候，画面不变，不动变焦环，只动对焦环。拍了3张不同清晰点的片子。

当时这3张片子都是用RAW格式拍摄的。

一起调整图像

将随书赠送资源中的28-1.CR2、28-2.CR2和28-3.CR2图像文件在Photoshop中同时打开，自动进入ACR。

可以看到在软件左侧，同时打开的图像文件顺序排列。在文件栏的最上面单击菜单图标，在弹出的菜单中选中"全选"命令，将当前打开的文件同时选中。

在右侧的基本调整区中单击"自动"，对图像进行影调的基本调整。然后根据片子的情况，继续进行精细调整。降低了"曝光"参数，提高了"白色""清晰度"和"自然饱和度"参数。

因为3张图像是被全选中的，所以当前的调整对于3张片子都起作用。如果想对某一张片子进行调整，可以在左侧的文件栏中单击某张片子的图标，选中某张片子单独调整右侧的各项参数。

合并图像

在左侧文件栏的最上边单击菜单图标，在弹出的菜单中选择"全选"命令，将文件栏中所有的图像选中。

再次打开菜单，选择"合并到全景图"命令，将选中的所有图像进行合并。

软件会很聪明地根据所选中的图像进行合并，是左右拼接的全景图，还是现在这种完全一样的画面叠合，不用我们操心，软件会智能识别。

在弹出的"全景合并预览"中，可以根据情况进行相应的设置，不同的合并效果在本书合并全景图的案例中有具体讲述。

单击"合并"按钮确认这3张图的合并。

在弹出的"合并结果"窗口中需要对合并的图像进行存储，合并的图像文件格式为.dng。单击"保存"按钮完成合并。

这时可以在左侧文件栏的最下面看到新产生的合并图像图标。

可以用放大镜工具将画面放大，检查合并的效果。

我们发现软件合并的效果有问题，画面中间的长城没有选择最清晰的一张。

由于软件是自动合并操作，我们无法指定软件选择哪张片子中的哪一部分进行合并，也就无法手动改变合并的效果。

现在只能放弃当前合并的结果。

在左边的文件栏中，按住Ctrl键，单击选中上面3张要做合并的照片缩览图。在ACR的右下角单击"打开图像"按钮，将选中的3张图像导入Photoshop进行合并。

焦点堆叠拼合图像

在Photoshop中，可以看到导入的3张图像都打开了，文件名以卡片的方式排列。

第3张图是近景荒草清晰的图，我们就以这张图为目标图像来做焦点堆叠。

在文件卡中单击中间的第2张图的文件名卡。

进入第2张图，这是中景长城清晰合焦的图。按Ctrl+A组合键全选图像，按Ctrl+C复制全选的图像。

回到目标图像，按Ctrl+V组合键，将复制的图像粘贴到当前图像中，在图层面板上可以看到新产生了一个图层。

再单击进入第一个图像，还是刚才的操作流程。按Ctrl+A组合键全选图像，按Ctrl+C组合键复制图像。

回到第3个目标图像，按Ctrl+V组合键粘贴复制的图像。在图层面板上可以看到，现在3个图像都有了。

从上到下单击图层前面的眼睛图标，反复打开和关闭上边的两个图层，可以看到3个图像虽然拍摄的是同一个地方，但是画面却产生了跳跃。这是因为拍摄的时候没有用三脚架，手持拍摄画面对不齐。

堆叠合成图像

在图层面板上，确认3个图层都打开了，按住Ctrl键，依次单击3个图层，3个图层都处于选中状态。

选择"编辑\自动对齐图层"命令，在弹出的"自动对齐图层"面板中选中"自动"，单击"确定"按钮退出。

再次在图层面板上依次单击上面两个图层前面的眼睛图标，反复打开、关闭上面的两个图层，可以看到现在3个图层的图像已经自动对齐了。

在图层面板上确认当前的3个图层都处于选中状态。

选择"编辑\自动混合图层"命令，在弹出的"自动混合图层"面板中，已经自动选中了"堆叠图像"。下面还有两个选项，"无缝色调和颜色"和"内容识别自动填充透明区域"，都可以勾选。单击"确定"按钮退出。

稍等片刻，软件经过计算完成了3张照片的堆叠。

在图层面板上可以看到，在原来3个图层的上面产生了一个新的图层，是3个图层图像堆叠以后的效果。仔细观察可以看到，自动堆叠是选择了3张片子中清晰的部分进行合成。下面3个图层中产生的蒙版，明确地告诉我们，这个层的图像选择了哪些地方，遮挡了哪些地方。

自动堆叠的效果很不错，比前面在ACR中做的效果要好得多。

如果对这个堆叠合成的图像还有不满意的地方，可以关闭最上面的合成图层，然后分别修改下面3个图层的蒙版，自己来决定每个图层中保留哪些局部图像。

堆叠后的图像中，四周边缘有一些自动识别后填充的地方，如果不满意，在工具箱中选中"裁剪工具"，在图像中拉出所需的裁剪框，按回车键确认裁剪操作，得到满意的画面。

最终效果

　　对3张照片进行不同焦点的堆叠，得到了一张全景深的片子。因为我们让软件自动选择了3张片子中最清晰的部分，合成为一张照片，所以画面中的景物从最远到最近都是清晰的。

　　这样的全景深效果，在使用长焦镜头拍摄风光的时候尤其必要。

要点与提示

　　这样的情况在风光摄影中很常见。例如，面对雪山桃花的场景，在一张照片中，用135mm中焦镜头想把近景和远景都拍清晰是做不到的。可以分别对着远景雪山和近景桃花拍两张片子，画面相同，合焦点不同，一个是雪山清晰，一个是桃花清晰。

　　回来后期做焦点堆叠，得到一张远景雪山和近景桃花都清晰的全景深照片。

　　拍摄这样的焦点堆叠合成照片，当然应该上三脚架。这个案例中是为了讲解"自动对齐图层"这个命令而特地选择了这组没有用三脚架而手持相机拍的片子。

校正偏色 29

　　风光片有没有偏色的问题？粗看起来不多，细究起来不少。校正偏色的基本依据就是RGB色彩中性灰原理。要完全讲清楚中性灰原理，需要花一些篇幅，费一番工夫。而具体操作其实很简单，软件为我们提供了非常便捷的操作方法，不过是弹指一挥间。那我们在这里就只讲方法，不讲原理了。

准备图像

　　打开随书赠送资源中的29-1.CR2文件，自动进入ACR。

　　在大厅里拍摄这张照片，是看中了建筑结构的线条和地面的投影。有意安排了一个人在画面中作为点缀，点线面的关系十分明确。

基本处理

　　大厅的主要构件都是白色，后期处理希望是一种高调的效果。设置了"曝光"等各项参数后直方图整体向右，片子的影调亮了。

　　然后特地将"清晰度"参数滑标向左移动，大幅度降低了"清晰度"参数值。这样做可以让片子产生一种朦胧、温柔的氛围，我认为挺符合这个环境气氛的。

然而，把"自然饱和度"参数滑标向右移动，大幅度提高自然饱和度参数值的时候，发现颜色变化很大。感觉建筑构件开始长锈了，色调怪怪的。

校正偏色

感觉照片有些偏色，但到底偏什么颜色，偏多少，这不能凭感觉，而需要做精确的检测。

在上面的工具栏中选中"颜色取样工具"。在图像中单击选取原本应该是黑白灰颜色的物体，单击一个点，就在画面上边出现一个颜色记录点。

第一个点选在地面阴影中，第二个点选在地面阳光中，第三个点选在头顶白色钢管构件上，第四个点选在远处白色钢管壁上，第五个点选在人物头发上。五个取样点的参数都记录在上边了。

把光标放在画面中，在直方图的下面就能看到光标所在位置像素的RGB参数值。

在上面的工具栏中选中"白平衡工具"，这是专门用来校正偏色的。

用白平衡工具在第一个取样点位置单击鼠标，看到图像的颜色变了，画面色彩好像白净了。

注意看取样点的参数值。鼠标所单击的地方，第一个取样点的颜色值变成了R=G=B，也就是说提高了蓝色值，降低了绿色值。在右边参数区中，色温向蓝色移动了，色调向品色移动了。上面的直方图中红、绿、蓝3色几乎重合了。

如果用"白平衡工具"单击第四个取样点，图像颜色又变了。在直方图的下边可以看到光标所在位置的RGB值也是基本相同。

这个点原本偏蓝色，现在变成了RGB等值的灰色，也就是说图像减少蓝色就是增加黄色，减少绿色就是增加品色。所以图像偏暖色了。

由此可知，以图像中的冷色为中性灰取样点做调整，图像会偏暖色。

这个地方的物体原本确实是白色的，但在头顶玻璃和环境光的影响下，白色的钢管偏蓝色了。这就告诉我们，取样点要避开环境色的反射影响。

用"白平衡工具"单击第二个取样点，图像的颜色变成冷色调了。

同理，这个点受周围影响偏暖色，将这个点校正为中性灰RGB等值，则整个图像就偏冷色了。

在直方图上可以看到蓝色峰值向右，而红色峰值向左。

用"白平衡工具"单击第三个和第五个取样点的位置，这两个点校正偏色的效果大体相当，而且与我们的感觉比较相符。也就是说，这两个点是在阳光正常照射下的，没有受到其他颜色光反射的不利影响。

由此可知，正确选择中性灰取样点非常关键。要注意选择不受环境其他颜色光线反射的，原本为黑白灰的物体作为中性灰取样点。

最终结果

中性灰是校正偏色的科学依据，但不必作为摄影艺术的绝对标准。取样点中的一、三、五这3个点校正的结果不完全相同，但效果都可以接受。还可以根据自己的喜好，在中性灰校正的基础上再稍做调整。例如，将色温和色调都稍微向右移动一点点，让片子的色调稍微暖一点点，个人感觉这样似乎既不偏色，也显温馨。

户外风光片偏色

在Photoshop中打开随书赠送资源中的29-2.jpg文件。

这是在天将黑的时候在盘山公路上拍摄的一张片子，因为时间光线的关系，拍摄环境中没有正常的太阳光照射，片子明显感觉偏色。

在Photoshop中校正偏色，也是依据中性灰原理，主要使用曲线命令来做。

在图层面板的最下面单击"创建新的调整层"图标，在弹出的菜单中选中"曲线"命令，建立一个曲线调整层。

在弹出的曲线面板中，选中"中间的吸管工具"，这就是中性灰吸管。在图像中寻找原本应该为黑白灰颜色的物体，用这个中性灰吸管去单击。

根据我们的常识判断公路上的标线应该是白色的。用中性灰吸管单击公路标线后，图像的颜色果然被校正了。在曲线面板中可以看到，红色曲线抬起，蓝色曲线下压，表明图像增加了红，减少了蓝。

感觉这个公路标线作为中性灰点并不合适，片子色调不对。用中性灰吸管在公路边缘单击，看到色彩又有变化，曲线面板中，红色的增加和蓝色的减少没有前一次那么强烈。现在片子的色调似乎好多了。

本以为公路的沥青路面应该是黑色的，可以作为中性灰点。但是在用灰色吸管单击路面的某些地方时，图像的色彩发生了离奇的变化，说明这个地方不适合作为中性灰点。

公路的沥青路面之所以不适合作为中性灰点，不是因为路面颜色问题，而是取样点的选择问题。

取样点太小或者太大都会影响取样的效果。在上面的选项栏中单击取样点下拉框，在弹出的取样方式中，可以根据片子的分辨率和色彩精细程度，选择合适的取样点参数。用稍大一点的取样点在路面上单击取样，这样就避免了偏差。

选取了合适的中性灰取样点后，色彩校正就没有问题了。

还可以在曲线面板上打开通道下拉框，选择某个所需的颜色进行调整。在这张片子中选中"红色通道"，用"直接调整工具"，按住天空中的亮调位置向上移动鼠标，看到曲线上也产生相应的控制点，向上抬起曲线，就在图像中亮调部分增加了红色，天空的色彩更强烈了，但比天空暗的地方的红色没有变化。

在曲线面板上打开颜色下拉框，选中"RGB复合通道"。回到白色曲线调整状态，继续调整图像的明暗影调。选中"直接调整工具"，在图像中提亮路面，压暗山崖，复位天空。现在调整的是白色曲线，只影响图像的明暗，不改变图像的色彩。

大体色彩校正后，可以看到图像中还有哪些地方应该原本是黑白灰。用中性灰吸管继续单击各个地方，例如，这张片子中，近景的山石也是很不错的中性灰点。

经过这样的调整，原本强烈偏蓝的色彩被校正过来了。暮色中的山路气氛宁静。

寻找中性灰

　　依据中性灰色彩理论，校正风光片的偏色，操作并不难，关键在于如何判断和选择中性灰取样点。

　　如果一张照片中确实没有中性灰物体，那是无法进行精确色彩校正的。如这张水田的片子，实在无法找到一个标准的中性灰物体，那就无法判断到底是左边的颜色对还是右边的颜色对。

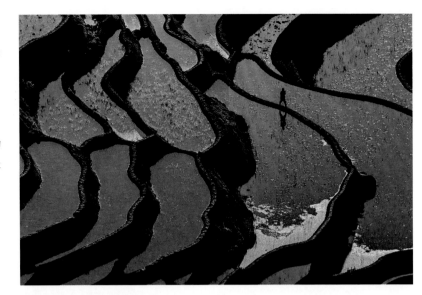

最终效果

　　在一张片子中，很难说只有哪个中性灰取样点是唯一正确的。应该多选几个点，分别单击校正偏色，比较它们的效果。

　　我一直强调，中性灰是校正偏色的科学依据，但不要成为教条。大的色彩偏差依据中性灰进行了校正之后，不同取样点之间的细微差别是允许的。

营造光线氛围 30

这是一个很特殊的案例，我犹豫了很长时间是否有必要给大家讲述。一张照片经过后期处理，营造出一种氛围，这似乎属于画意摄影的范畴。这里面包含的后期处理的思路和综合运用的技法，确实很重要，而且是有难度的。能够运用这样的思路和技法，我们就能够制作出更多、更美的风光照片。

准备图像

打开随书赠送资源中的30.jpg文件。

在大森林里看到这棵大树，很有感触。而当时森林里的光线也就这样。原片是RAW格式的，经过ACR中基本的后期调整，导入Photoshop得到这样一张影调、色彩、层次都基本正常的片子。先存储一张JPEG格式的图片再说。

然后是慢慢地感悟，这张片子表现了什么，伟岸、静谧、生机、岁月、时间、空间。怎么看都觉得，片子本身没有什么问题了，但就是少点气氛，少点活力。

制作光线效果

思来想去，决定在森林里制造光线效果。

打开通道面板。按住Ctrl键，用鼠标直接单击"RGB复合通道"，将当前RGB通道的亮调部分作为选区载入，可以看到蚂蚁线。

也可以载入红、绿、蓝某个通道的选区，这里感觉RGB复合通道的反差比较强烈，更适合制作明显的光线效果。

回到图层面板，蚂蚁线还在。

按Ctrl+J组合键，将背景层中选区之内的部分复制成为一个新的图层。

如果单击背景层前面的眼睛图标，关闭背景层，可以看到当前图层1中有朦胧的影像，这就是复制的背景层中亮调部分的图像。这个复制的选区是从通道中获得的。

选择"滤镜\模糊\径向模糊"命令，在弹出的径向模糊窗口中，设置数量为最高100，设置模糊方法为"缩放"，将缩放模糊的中心用鼠标移动到右上角，与画面中露出天空的位置相符。满意了，单击"确定"按钮退出。

放射光芒的效果用径向模糊制作。现在感觉看不出效果来。

在图层面板上将当前层复制两个，可以看出效果来了。到底复制几个图层，要看实际情况而定。

现在复制了多个光线效果的图层，但图层多了不利操作。

在图层面板中按住Ctrl键，依次单击3个图层，将这3个效果图层都选中。在图层面板的右上角单击菜单图标，在弹出的菜单中选择"合并图层"命令。

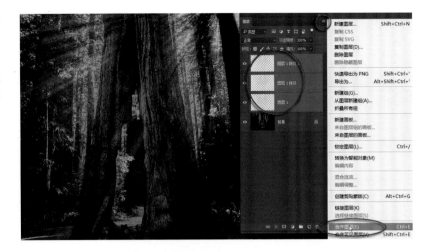

只有一个光线效果层就方便操作了。

感觉制作的光线颗粒很粗。选择"滤镜\模糊\高斯模糊"命令。在弹出的高斯模糊窗口中，设置半径参数，移动滑标到合适位置。参数值低了颗粒明显，参数值高了光线不明显。满意了，单击"确定"按钮退出。

现在感觉光线柔和了。

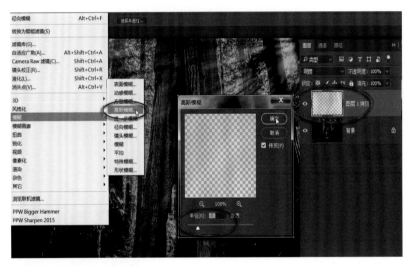

放射光线制作出来了，但有些光线覆盖着树干，与实际情况不相符。

在图层面板的最下面单击"创建图层蒙版"图标，为当前的光线效果层加蒙版。

修饰光线效果

在工具箱中选中"画笔工具"，前景色为黑色，在上面的选项栏中设置合适的笔刷直径和最低硬度参数。

用黑色画笔在中间的大树上涂抹，将树干上的光线涂抹遮挡掉。右侧的树干也应该涂抹掉光线。树林中还有一些地方需要适当涂抹遮挡光线。

哪里保留光线，哪里不能有光线，要根据片子的具体情况而定。反正蒙版可以反复涂抹，因此可以多次尝试，反复体会，直到满意。

蒙版修饰之后，又感觉光线效果弱了。

在图层面板上复制当前图层，得到一个新图层，光线效果增强了。

又感觉似乎太强了。打开当前图层混合模式下拉框，将图层混合模式设为"明度"，并将"不透明度"降低到合适的参数值。

现在还拿不准这个光线效果是否合适，没关系，什么时候有了新的想法都可以回来继续调整。

精调光线影调

光线的效果有了，但光线的影调明暗还需要精细调整。

在图层面板的最下面单击"创建新的调整层"图标，在弹出的菜单中选中"曲线"命令，建立一个曲线调整层。

在弹出的曲线面板中，选中"直接调整工具"，在图像中光线的中间亮度位置按住鼠标向上移动，看到曲线抬起来了。分别在图像中的亮调和暗调位置选两个控制点，让曲线复位。现在感觉光线效果在森林里很明显、很强烈了。

这个曲线调整层是解决光线强弱效果的，中间的主体树干不能也被调亮。在工具箱中选择"画笔工具"，前景色为黑色，在上面的选项栏中设置合适的笔刷直径和最低硬度参数。用黑色画笔将主体树干涂抹回来，树干恢复了原来的影调。

现在感觉我们制作的这个森林中的光线效果已经很不错了。

制作色调效果

再来制作更有情调的色调效果。

在图层面板的最下面单击"创建新的调整层"图标，在弹出的菜单中选择"色彩平衡"命令，建立一个新的色彩平衡调整层。

弹出的面板中现在默认的色调是"中间调"，将第一个滑标向右移动到红色，第二个滑标稍向右偏一点到绿色，第三个滑标向左移动到端点黄色。现在将图像的中间调调整为橙黄色。

只动中间调不行。

打开色调下拉框，选中"亮调"，加了红色和黄色，可以看到图像的高光部分的暖光效果出来了。

打开色调下拉框，选中"阴影"，大幅度增加了黄色，图像中阴影中也变为暖色了。

改变图像的色调使用的是"色彩平衡"命令，而不是用"色相/饱和度"命令改色相。因为改变色调不是转动色轮替换颜色。这个问题在《色彩篇》里有具体讲述。

还要把图像中的主体树干涂抹回来。

现在是在当前调整层的蒙版状态下。在工具箱中选择"画笔工具"，前景色为黑色，在上面的选项栏中设置合适的笔刷直径和最低硬度参数。先用黑色画笔把地面涂抹回来。然后涂抹主体树干。注意，涂抹树干的时候要一笔完成，中间不能松开鼠标。

树干涂抹回来后，又感觉生硬了，应该保留一点暖色调效果。

树干是一笔涂抹的，选择"编辑\渐隐画笔"命令。在弹出的渐隐窗口中，将"不透明度"参数滑标向左移动，看到涂抹的效果被减淡了，主体树干的暖色调满意了，单击"确定"按钮退出。

现在森林中暖色调的效果有味道了吧。

映射暖色调

还可以再强调暖色调效果。

在图层面板的最下面单击"创建新的调整层"图标，在弹出的菜单中选中最顶端的"纯色"命令，建立一个纯色调整层。

在弹出的拾色器窗口中，选择一个橙黄色。满意了，单击"确定"按钮退出。

将当前纯色调整层的图层混合模式设置为"柔光"。

可以看到图像中笼罩了一片暖色光芒。如果对颜色效果不满意，可以在图层面板上双击当前纯色调整层的图标，再次打开拾色器，重新设置所需颜色。

也可以尝试其他图层混合模式，会得到不同效果。

笼罩的橙黄色应该有深浅不同的变化，不能是全一样的覆盖。

要按照制作的光线效果来控制暖色调的强弱。按住Ctrl键，在图层面板中单击下面光线效果层的缩览图，将光线效果层的选区载入。可以看到蚂蚁线。

在当前纯色调整层上单击蒙版图标，进入当前层的蒙版操作状态。

蚂蚁线还在，在选区内填充黑色。如果工具箱中的前景色为黑，则按Alt+Delete组合键填充前景色。如果工具箱中的背景色为黑色，则按Ctrl+Delete组合键填充背景黑色。

填充一遍不够，就再填充一遍，直到图像效果满意为止。

图像调整到现在，可以说完成了。也可以精益求精，再精细地加工。

比如再加一个黄色的纯色调整层，专门来做图像暗调阴影里的色调。

将新的纯色调整层的图层混合模式设置为"颜色"，而"不透明度"降低到40%左右。

在图层面板中反复单击当前新的纯色调整层前面的眼睛图标，可以观察这个调整层的效果，看是否满意。

在图层面板中双击调整光线影调的曲线调整层图标，重新打开曲线调整面板。

在曲线的抬起部分再增加一个控制点，略向上抬起曲线，可以看到图像中光线的效果更加强烈了。一般来说，这种色调的片子，亮调的效果更舒服。

尝试不同的效果

现在图层面板中已经建立独立的多个调整层，各有各的功用。

分别打开或者关闭某个调整层，尝试使用不同的调整层组合，可以产生不同的图像效果。如果对某个效果中意，可以再进行细致的微调。如果满意某个效果，就按Ctrl+Alt+Shift+E组合键进行盖印保留。

最终效果

经过这样烦琐的精细处理，图像中的森林金光笼罩，充满辉煌，升腾希望，有一种向上的情绪。

有朋友问，这符合当时的现场实际吗？我反问，风光摄影是纪实摄影吗？我们按照自己的理解，在后期处理中营造了这样一种神圣的光线氛围，片子的主题得到了升华，这应该是好事，这也是摄影创作。早年胶片时代如果在暗室中做出这样的效果来，一定被称为大师。现在到了数码时代，怎么就退缩了呢？

至于很多朋友问：这样的片子能投稿参赛吗？那是影赛主办方的事。

这个案例涉及的知识点比较多，操作有一定难度。但这个思路和流程在处理照片上有很宽的适应面，只要是逆光效果的片子，大多可以做出这样的效果来。